大森徹の
究極パネル式
生物基礎

大森徹・著

技術評論社

本書の特長と使い方

● 「究極パネル式」の4大特長

　「究極パネル式」は、大森徹先生考案の短時間で確実な力が付く画期的な生物学習法です。全5章、45項目のパネルから成ります。

　究極パネル式には「見る」「読む」「書く」「聞く」という4つの特長があります。

　図を見ること、**解説を読む**こと、自分で**書き込む**こと、**音声を聞く**こと、この4つを行うことで、しっかりと記憶に定着できます。

　また、一切の無駄を排除し、本当に出題される内容のみに絞っているので、時間の割けない学生でも、短時間で効果的に学習できる工夫が詰まっています。

● 本書の使い方

「音声講義」を聞こう！
スマホなどでQRコードを読み取って、大森先生の音声講義を聞くことができます。

黒板で図や表を見よう！
黒板には図や表、重要キーワードがまとまっています。

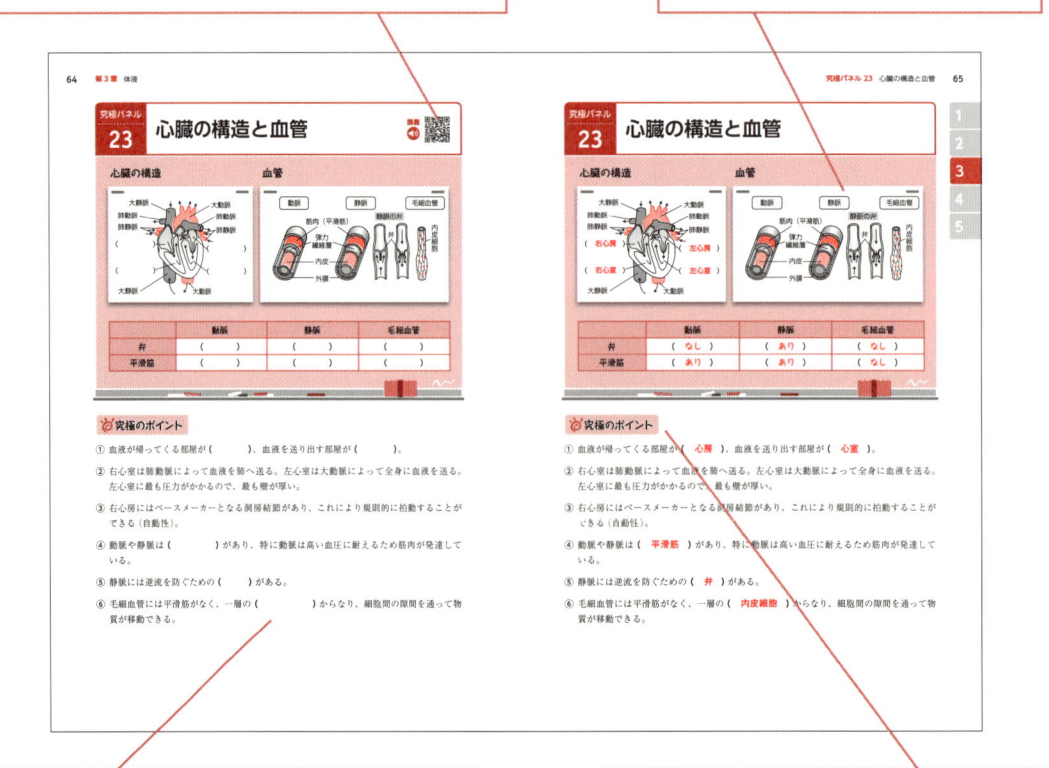

「書き込んで」覚えよう！
左ページが書き込みページです。右ページの黒板や「究極のポイント」の重要キーワードを確実に覚えられるようになっています。

「究極のポイント」を読もう！
本当に必要なポイントだけがコンパクトに解説されています。

「確認問題」にチャレンジしよう！
各章で学んだことを試してみましょう。
知識を定着させることができます。

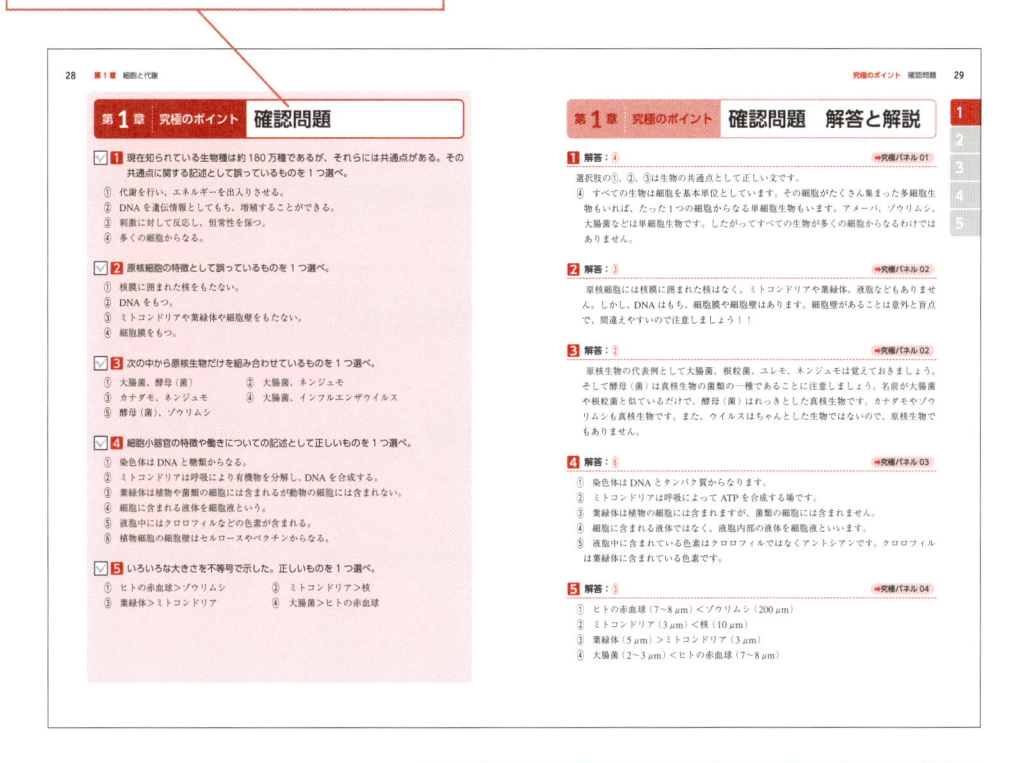

「超重要用語」でチェック！
各章の扉には、その章で知っておくべき超重要単語が並んでいます。学習後の確認に役立ちます。

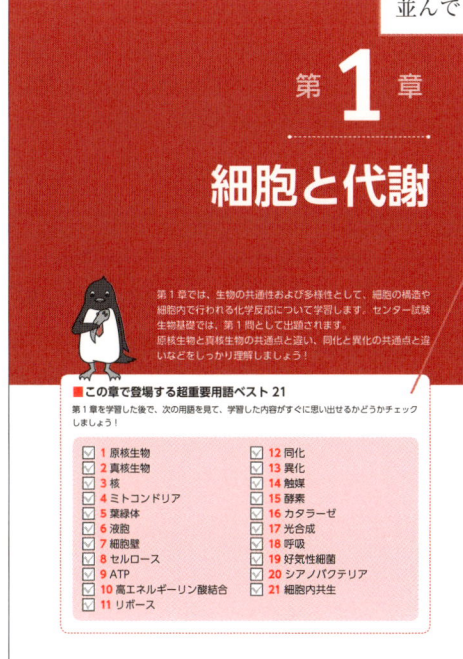

音声講義について

音声講義はスマホからQRコードを読み込むことで、聞くことができます。もし、**スマホをお持ちでない方**は、弊社ホームページにアクセスすることで、パソコンから聞くことができます。手順は次の通りです。

① 弊社ホームページ「http://gihyo.jp/」にアクセスする。
②「書籍案内」を選び、「本を探す」で「究極パネル式」と入力する。
③「本書のサポートページ」をクリックする。

目次

本書の特長と使い方 2
はしがき 6

第1章　細胞と代謝　　7

究極パネル 01	生物の共通性 8
究極パネル 02	細胞における共通性と多様性 10
究極パネル 03	細胞小器官の特徴と働き 12
究極パネル 04	様々な生物と大きさ 14
究極パネル 05	顕微鏡 16
究極パネル 06	ミクロメーター 18
究極パネル 07	代謝とATP 20
究極パネル 08	酵素 22
究極パネル 09	光合成と呼吸 24
究極パネル 10	共生説 26
究極のポイント	確認問題 28

第2章　遺伝子　　33

究極パネル 11	形質転換 34
究極パネル 12	ファージの増殖 36
究極パネル 13	核酸の構造 38
究極パネル 14	DNAの構造 40
究極パネル 15	転写翻訳 42
究極パネル 16	DNAの抽出 44
究極パネル 17	DNAに関する計算 46
究極パネル 18	細胞分裂 48
究極パネル 19	細胞分裂の観察と計算 50
究極パネル 20	ゲノム 52
究極のポイント	確認問題 54

第3章 体液 59

- 究極パネル 21　体液の種類 60
- 究極パネル 22　血液凝固 62
- 究極パネル 23　心臓の構造と血管 64
- 究極パネル 24　循環系 66
- 究極パネル 25　酸素運搬 68
- 究極パネル 26　生体防御その1 70
- 究極パネル 27　生体防御その2 72
- 究極パネル 28　生体防御その3 74
- 究極のポイント　確認問題 76

第4章 恒常性 81

- 究極パネル 29　ホルモン 82
- 究極パネル 30　分泌調節 84
- 究極パネル 31　自律神経 86
- 究極パネル 32　血糖濃度調節 88
- 究極パネル 33　体温調節 90
- 究極パネル 34　腎臓 92
- 究極パネル 35　尿生成 94
- 究極パネル 36　体液濃度調節 96
- 究極パネル 37　肝臓 98
- 究極のポイント　確認問題 100

第5章 生態系 105

- 究極パネル 38　様々な植生 106
- 究極パネル 39　遷移 108
- 究極パネル 40　世界のバイオーム 110
- 究極パネル 41　日本のバイオーム 112
- 究極パネル 42　生態系 114
- 究極パネル 43　炭素循環 116
- 究極パネル 44　窒素循環 118
- 究極パネル 45　生態系のバランス 120
- 究極のポイント　確認問題 122

索引 126

はしがき

① 生物基礎の参考書はたくさん出版されています。中には何百ページもの厚いものもあります。それを完全にマスターすればきっとすごく力がつくことでしょうね。でもそのマスターにはおそらく非常に膨大な時間がかかりますし、結局学習した膨大な内容の多くは実際の試験では出題されなかった……ということになるかもしれません。

② たった30分のセンター試験のためにでも隅から隅まで膨大な時間をかけて勉強して完璧にしたい！という人もいるかもしれませんが、他にもまだまだ勉強しなければいけない教科もたくさんあって、生物基礎にだけそんなにたくさん時間なんて割けないよ～～という人の方が多いと思います。

③ そんな切実な思いに応えたのがこの「究極パネル45」です。
センター試験生物基礎に出題される重要ポイントだけを取り上げ、さらにその解説を耳で聞くことができるというのが1番の特徴です。耳から入ったものは深く記憶に残ります。

④ 最重要のポイントをまとめたパネルがあり、その解説を耳で聞き、文字を読んで、空所に書き込む、すなわち、見て、聞いて、読んで、書くという作業を繰り返すだけで、ポイントが自然にインプットされ、自然に記憶に定着します。さらに究極の確認問題によって、その知識をアウトプットする力も自然に養えるのです。

⑤ 1日1つのパネルを学習するだけで、たった45日で生物基礎の内容をマスターできるのです。残った時間はたっぷりと他の教科の勉強に回してください。

大森　徹

第1章

細胞と代謝

第1章では、生物の共通性および多様性として、細胞の構造や細胞内で行われる化学反応について学習します。センター試験生物基礎では、第1問として出題されます。
原核生物と真核生物の共通点と違い、同化と異化の共通点と違いなどをしっかり理解しましょう！

■この章で登場する超重要用語ベスト21

第1章を学習した後で、次の用語を見て、学習した内容がすぐに思い出せるかどうかチェックしましょう！

- ☑ 1 原核生物
- ☑ 2 真核生物
- ☑ 3 核
- ☑ 4 ミトコンドリア
- ☑ 5 葉緑体
- ☑ 6 液胞
- ☑ 7 細胞壁
- ☑ 8 セルロース
- ☑ 9 ATP
- ☑ 10 高エネルギーリン酸結合
- ☑ 11 リボース
- ☑ 12 同化
- ☑ 13 異化
- ☑ 14 触媒
- ☑ 15 酵素
- ☑ 16 カタラーゼ
- ☑ 17 光合成
- ☑ 18 呼吸
- ☑ 19 好気性細菌
- ☑ 20 シアノバクテリア
- ☑ 21 細胞内共生

究極パネル 01 生物の共通性

(1) 現在知られている生物種は約（　　　　）種。
(2) それぞれの生物には（　　　　）性と（　　　　）性がある。
(3) 生物の共通点

1	（　　　）によって包まれた（　　　　）からなる。
2	（　　　）を行い、（　　　　）を出入りさせる。
3	（　　　）を遺伝情報としてもち、増殖することができる。
4	刺激に対して反応し、（　　　　）を保つ。

(4) このような共通性があるのは、（　　　　）から進化したから。多様性があるのは長い年月をかけて（　　　　）したからである。

究極のポイント

① 現在知られている生物は約（　　　　）種だが、実際にはまだ知られていない生物も合わせると何千万種類もいるといわれる。

② すべての生物は細胞からなり、細胞は（　　　　）によって囲まれている。

③ すべての生物は、（　　　　）を行う。代謝に伴ってエネルギーが出入りする。

④ すべての生物は遺伝情報として（　　　　）（デオキシリボ核酸）をもち、DNAを用いて子孫を作り、増殖することができる。

⑤ 外界からの刺激に対して反応を行い、体の状態を一定に保つ（　　　　）をもつ。

⑥ ウイルスは、遺伝情報はもつが、特定の生物の細胞内でその生物の物質を利用しないと増殖できず、細胞膜もなく代謝も行わないので、生物と無生物の中間的な存在といえる。

究極パネル 01 生物の共通性

(1) 現在知られている生物種は約（ **180万** ）種。
(2) それぞれの生物には（ **多様** ）性と（ **共通** ）性がある。
(3) 生物の共通点

1	（ **細胞膜** ）によって包まれた（ **細胞** ）からなる。
2	（ **代謝** ）を行い、（ **エネルギー** ）を出入りさせる。
3	（ **DNA** ）を遺伝情報としてもち、増殖することができる。
4	刺激に対して反応し、（ **恒常性** ）を保つ。

(4) このような共通性があるのは、（ **共通の祖先** ）から進化したから。多様性があるのは長い年月をかけて（ **進化** ）したからである。

究極のポイント

① 現在知られている生物は約（ **180万** ）種だが、実際にはまだ知られていない生物も合わせると何千万種類もいるといわれる。

② すべての生物は細胞からなり、細胞は（ **細胞膜** ）によって囲まれている。

③ すべての生物は、（ **代謝** ）を行う。代謝に伴ってエネルギーが出入りする。

④ すべての生物は遺伝情報として（ **DNA** ）（デオキシリボ核酸）をもち、DNAを用いて子孫を作り、増殖することができる。

⑤ 外界からの刺激に対して反応を行い、体の状態を一定に保つ（ **恒常性** ）をもつ。

⑥ ウイルスは、遺伝情報はもつが、特定の生物の細胞内でその生物の物質を利用しないと増殖できず、細胞膜もなく代謝も行わないので、生物と無生物の中間的な存在といえる。

究極パネル 02　細胞における共通性と多様性

生物の種類

原核生物	核膜に囲まれた核をもたない細胞（　　　　　）からなる。
	（例）大腸菌、根粒菌、（　　　　　）（ユレモ、ネンジュモ）など
真核生物	核膜に囲まれた核をもつ細胞（　　　　　）からなる。
	（例）動物、植物、（　　　）類（酵母など）

細胞構造の有無

	原核生物	真核生物 動物	真核生物 植物	真核生物 菌類
核（核膜）	（　）	○	○	（　）
染色体（DNA）	（　）	○	○	○
細胞膜	○	○	○	○
ミトコンドリア	（　）	（　）	（　）	（　）
葉緑体	（　）	（　）	（　）	（　）
発達した液胞	×	×	○	○
細胞壁	（　）	（　）	（　）	○

究極のポイント

① 生物は（　　　　　）と（　　　　　）に分けられる。

② 原核細胞には、核膜に囲まれた核がなく、ミトコンドリアや葉緑体、液胞などの細胞小器官もない。しかし、DNAは存在し、細胞膜、（　　　　　）はある。

③ 動物細胞や菌類には葉緑体がない。動物細胞には発達した液胞、細胞壁もない。

究極パネル 02　細胞における共通性と多様性

生物の種類

原核生物	核膜に囲まれた核をもたない細胞（ **原核細胞** ）からなる。
	（例）大腸菌、根粒菌、（ **シアノバクテリア** ）（ユレモ、ネンジュモ）など
真核生物	核膜に囲まれた核をもつ細胞（ **真核細胞** ）からなる。
	（例）動物、植物、（ **菌** ）類（酵母など）

細胞構造の有無

	原核生物	真核生物 動物	真核生物 植物	真核生物 菌類
核（核膜）	（ × ）	○	○	（ ○ ）
染色体（DNA）	（ ○ ）	○	○	○
細胞膜	○	○	○	○
ミトコンドリア	（ × ）	（ ○ ）	（ ○ ）	（ ○ ）
葉緑体	（ × ）	（ × ）	（ ○ ）	（ × ）
発達した液胞	×	×	○	○
細胞壁	（ ○ ）	（ × ）	（ ○ ）	○

究極のポイント

① 生物は（ **原核生物** ）と（ **真核生物** ）に分けられる。

② 原核細胞には、核膜に囲まれた核がなく、ミトコンドリアや葉緑体、液胞などの細胞小器官もない。しかし、DNAは存在し、細胞膜、（ **細胞壁** ）はある。

③ 動物細胞や菌類には葉緑体がない。動物細胞には発達した液胞、細胞壁もない。

究極パネル 03　細胞小器官の特徴と働き

細胞の構造

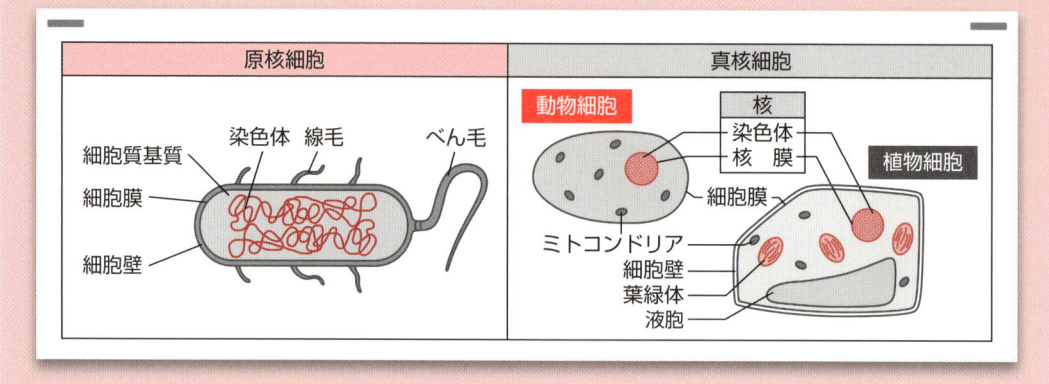

原核細胞：細胞質基質、細胞膜、細胞壁、染色体、線毛、べん毛

真核細胞：
- 動物細胞：核（染色体、核膜）、細胞膜、ミトコンドリア
- 植物細胞：細胞壁、葉緑体、液胞

細胞小器官の特徴と働き

核	内部にはDNAとタンパク質からなる（　　　　）を含む。
ミトコンドリア	呼吸により有機物を分解し、（　　　）を合成する。
葉緑体	（　　　　）により有機物を合成する。
液胞	糖や無機塩類を含む（　　　　）を蓄えた袋。
	花弁の細胞では（　　　　　）という色素も含む。
細胞壁	植物細胞では（　　　　　）とペクチンからなる。

究極のポイント

① 真核細胞の（　　　）は、（　　　　）に包まれ、内部には（　　　　　）がある。染色体は（　　　　）と（　　　　　）からなる。

② （　　　　　　）は（　　　　）→究極パネル09 を行い、有機物を分解して（　　　　）→究極パネル07 を合成する場である。

③ （　　　　　）は（　　　　　）→究極パネル09 を行い、無機物（二酸化炭素や水）から有機物（グルコースなど）を合成する場である。

④ （　　　　）内部の液体を（　　　　　）という。細胞液には、無機塩類や糖などが含まれている。細胞が成長するに伴って大きく発達する。花弁の細胞などでは（　　　　　　）という色素も含まれている。（　　　　　）は動物細胞以外に存在し、細胞を保護する働きがある。植物細胞の細胞壁は（　　　　　）と（　　　　　）という物質からなる。

究極パネル 03 細胞小器官の特徴と働き

細胞の構造

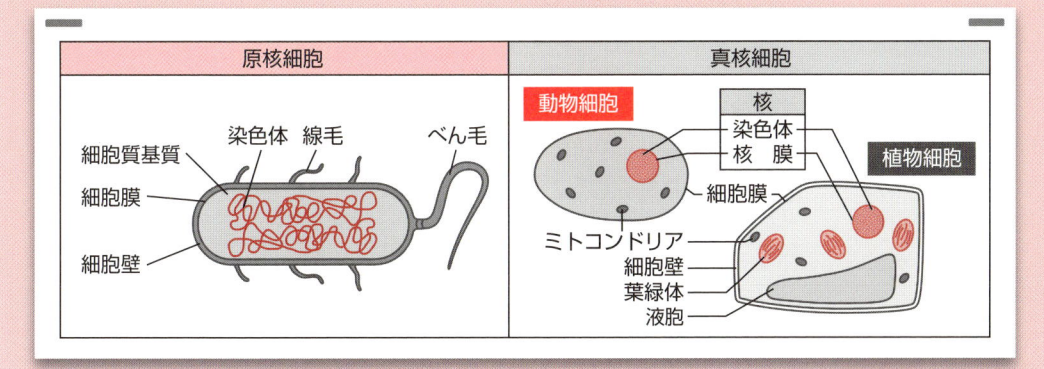

原核細胞：細胞質基質、細胞膜、細胞壁、染色体、線毛、べん毛

真核細胞：
- 動物細胞：核（染色体、核膜）、細胞膜、ミトコンドリア
- 植物細胞：細胞壁、葉緑体、液胞

細胞小器官の特徴と働き

核	内部にはDNAとタンパク質からなる（ 染色体 ）を含む。
ミトコンドリア	呼吸により有機物を分解し、（ ATP ）を合成する。
葉緑体	（ 光合成 ）により有機物を合成する。
液胞	糖や無機塩類を含む（ 細胞液 ）を蓄えた袋。
	花弁の細胞では（ アントシアン ）という色素も含む。
細胞壁	植物細胞では（ セルロース ）とペクチンからなる。

究極のポイント

① 真核細胞の（ 核 ）は、（ 核膜 ）に包まれ、内部には（ 染色体 ）がある。染色体は（ DNA ）と（ タンパク質 ）からなる。

② （ ミトコンドリア ）は（ 呼吸 ）➡究極パネル09 を行い、有機物を分解して（ ATP ）➡究極パネル07 を合成する場である。

③ （ 葉緑体 ）は（ 光合成 ）➡究極パネル09 を行い、無機物（二酸化炭素や水）から有機物（グルコースなど）を合成する場である。

④ （ 液胞 ）内部の液体を（ 細胞液 ）という。細胞液には、無機塩類や糖などが含まれている。細胞が成長するに伴って大きく発達する。花弁の細胞などでは（ アントシアン ）という色素も含まれている。（ 細胞壁 ）は動物細胞以外に存在し、細胞を保護する働きがある。植物細胞の細胞壁は（ セルロース ）と（ ペクチン ）という物質からなる。

究極パネル 04 様々な生物と大きさ

大きさの単位

| 1mm ＝（　　　）μm（マイクロメートル） |
| 1μm ＝（　　　）nm（ナノメートル） |

分解能

| 肉眼 | （　　　）（＝ 100μm） |
| 光学顕微鏡 | （　　　）（＝ 200nm） |

覚えておくべき細胞、細胞小器官の大きさベスト8

普通の細胞	数十（　　）	核	（　　　）
普通の細菌	数（　　）	葉緑体	（　　　）
ゾウリムシ	（　　）	ミトコンドリア	（　　　）
ヒトの赤血球	（　　）	細胞膜の厚さ	（　　　）

究極のポイント

① 1m（メートル）の 1,000 分の 1 が 1mm（ミリメートル）、1mm の 1,000 分の 1 が 1（　　）（マイクロメートル）、1μm の 1,000 分の 1 が 1（　　）（ナノメートル）。

② 2つの点を接近させていき、2点と識別できる距離を（　　　）という。肉眼では 0.1mm の間隔までは識別できる。光学顕微鏡では 0.2μm が分解能。

③ 単細胞生物である（　　　　）の大きさ（長さ）は約（　　　　）で、肉眼での分解能以上の大きさがあるので、十分肉眼で見ることができる。

④ 普通の細胞は（　　　　）だが、赤血球は少し小さめで（　　　　）。

⑤ 大腸菌などの普通の細菌は（　　　　）で、（　　　　）とほぼ同じ。

⑥ 葉緑体の方がミトコンドリアよりも少し大きい。

究極パネル 04 様々な生物と大きさ

大きさの単位

| 1mm =（ 1,000 ）μm（マイクロメートル） |
| 1μm =（ 1,000 ）nm（ナノメートル） |

分解能

| 肉眼 | （ 0.1mm ）（= 100μm） |
| 光学顕微鏡 | （ 0.2μm ）（= 200nm） |

覚えておくべき細胞、細胞小器官の大きさベスト8

普通の細胞	数十（ μm ）	核	（ 10μm ）
普通の細菌	数（ μm ）	葉緑体	（ 5μm ）
ゾウリムシ	（ 200μm ）	ミトコンドリア	（ 3μm ）
ヒトの赤血球	（ 7〜8μm ）	細胞膜の厚さ	（ 5〜10nm ）

究極のポイント

① 1m（メートル）の1,000分の1が1mm（ミリメートル）、1mmの1,000分の1が1（ μm ）（マイクロメートル）、1μmの1,000分の1が1（ nm ）（ナノメートル）。

② 2つの点を接近させていき、2点と識別できる距離を（ 分解能 ）という。肉眼では0.1mmの間隔までは識別できる。光学顕微鏡では0.2μmが分解能。

③ 単細胞生物である（ ゾウリムシ ）の大きさ（長さ）は約（ 200μm ）で、肉眼での分解能以上の大きさがあるので、十分肉眼で見ることができる。

④ 普通の細胞は（ 数十μm ）だが、赤血球は少し小さめで（ 7〜8μm ）。

⑤ 大腸菌などの普通の細菌は（ 数μm ）で、（ ミトコンドリア ）とほぼ同じ。

⑥ 葉緑体の方がミトコンドリアよりも少し大きい。

究極パネル 05 顕微鏡

顕微鏡（光学顕微鏡）の名称

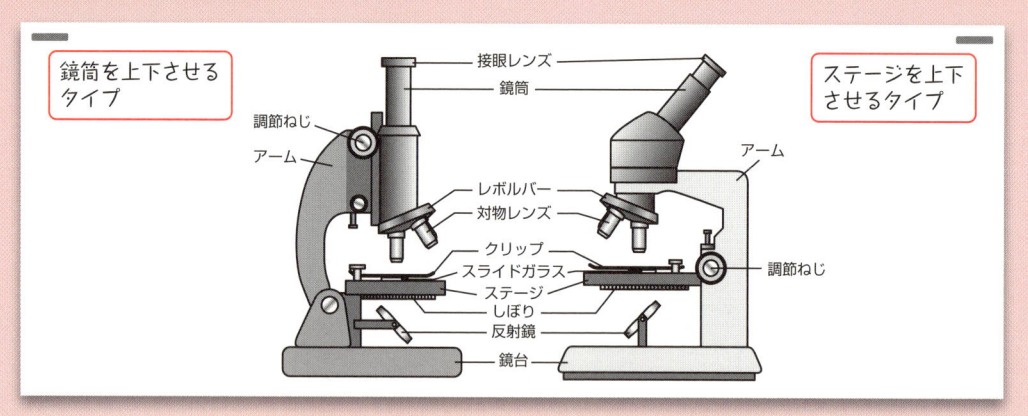

鏡筒を上下させるタイプ / ステージを上下させるタイプ

接眼レンズ、鏡筒、調節ねじ、アーム、レボルバー、対物レンズ、クリップ、スライドガラス、ステージ、しぼり、反射鏡、鏡台

検鏡操作の手順

1. まず（　　　）レンズ、次に（　　　）レンズを取り付ける。
2. （　　　）を動かし、視野が明るくなるように調節する。
3. （　　　）をセットする。
4. 低倍率で、対物レンズをプレパラートから（　　　）ながらピントを合わせる。
5. 観察したい像を視野の中央に移動させる。
   ⇒右上の像を中央に移動させるには、プレパラートを（　　　）に動かす。
6. レボルバーを回して高倍率の対物レンズに換え、（　　　）で光量を調節する。
   ⇒高倍率にすると視野が（　　　）なるので、しぼりを（　　　）。

究極のポイント

① 対物レンズを横から見ながらプレパラートに近づけておき、接眼レンズを覗いて、対物レンズをプレパラートから（　　　）ピントを合わせる。近づけながらピントを合わせると、プレパラートを割ってしまう恐れがある！

② 顕微鏡で見えている像は、実際の像と（　　　）になっているので、プレパラートを動かす方向と像の動きは逆になる。

③ 高倍率にすると、視野が（　　　）なり、視野の明るさは（　　　）なり、焦点深度（ピントが合う深さ）が（　　　）なる。

究極パネル 05 顕微鏡

顕微鏡（光学顕微鏡）の名称

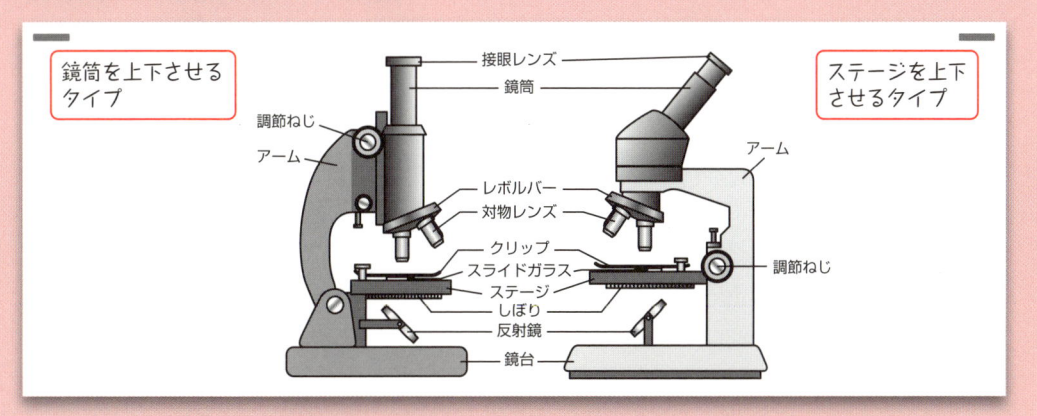

鏡筒を上下させるタイプ：接眼レンズ、鏡筒、調節ねじ、アーム、レボルバー、対物レンズ、クリップ、スライドガラス、ステージ、しぼり、反射鏡、鏡台

ステージを上下させるタイプ：アーム、調節ねじ

検鏡操作の手順

1. まず（ **接眼** ）レンズ、次に（ **対物** ）レンズを取り付ける。
2. （ **反射鏡** ）を動かし、視野が明るくなるように調節する。
3. （ **プレパラート** ）をセットする。
4. 低倍率で、対物レンズをプレパラートから（ **遠ざけ** ）ながらピントを合わせる。
5. 観察したい像を視野の中央に移動させる。
   ⇒右上の像を中央に移動させるには、プレパラートを（ **右上** ）に動かす。
6. レボルバーを回して高倍率の対物レンズに換え、（ **しぼり** ）で光量を調節する。
   ⇒高倍率にすると視野が（ **暗く** ）なるので、しぼりを（ **開く** ）。

究極のポイント

① 対物レンズを横から見ながらプレパラートに近づけておき、接眼レンズを覗いて、対物レンズをプレパラートから（ **遠ざけながら** ）ピントを合わせる。近づけながらピントを合わせると、プレパラートを割ってしまう恐れがある！

② 顕微鏡で見えている像は、実際の像と（ **上下左右が逆** ）になっているので、プレパラートを動かす方向と像の動きは逆になる。

③ 高倍率にすると、視野が（ **狭く** ）なり、視野の明るさは（ **暗く** ）なり、焦点深度（ピントが合う深さ）が（ **浅く** ）なる。

究極パネル 06 ミクロメーター

ミクロメーター
(1) (　　　　) ミクロメーター：1目盛は (　　　　)。(　　　　　　) にセットする。
(2) (　　　　) ミクロメーター：最終的に物体の大きさを測る目盛。(　　　　) レンズの中にセットする。

ミクロメーターを用いた測定
(1) 両ミクロメーターをセットし、ピントを合わせる。
(2) 両ミクロメーターの目盛が一致している場所を2か所探し、その間の目盛の数を数える。

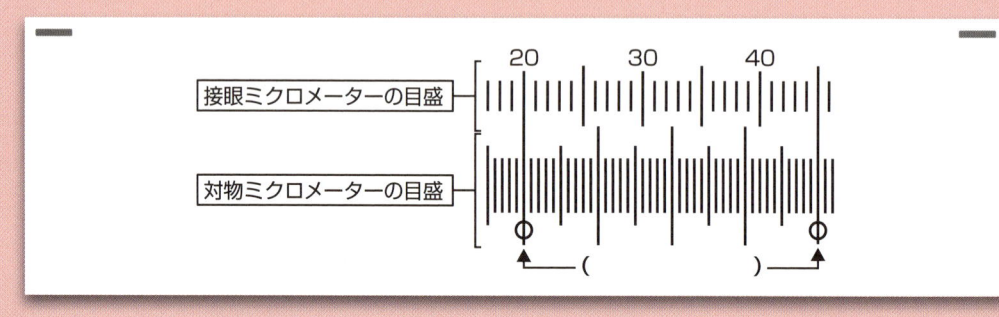

(3) (　　　　) ミクロメーター1目盛の大きさを計算する。
(4) (　　　　) ミクロメーターをはずし、代わりにプレパラートをセットする。
(5) (　　　　) ミクロメーターを用いて大きさを計測する。

究極のポイント

① 上図では接眼ミクロメーター25目盛分と対物ミクロメーター40目盛分が同じ長さに見えている。

② 接眼ミクロメーター1目盛の大きさを $X\mu m$ とすると次の式が成り立つ。

$X\mu m$ × (　　　) = (　　　) μm × (　　　)　　∴ $X\mu m$ = (　　　) μm

③ 最終的には (　　　) ミクロメーターの目盛を用いて物体の大きさを測定する。

④ もし対物レンズの倍率を10倍から40倍に変えると、接眼ミクロメーターの1目盛の大きさは $\frac{10}{40} = \frac{1}{4}$ となる。上の場合であれば $16\mu m \times \frac{1}{4} = 4\mu m$ を表すことになる。

究極パネル 06 ミクロメーター

ミクロメーター
(1) (**対物**) ミクロメーター：1目盛は (**10μm**)。(**ステージ**) にセットする。
(2) (**接眼**) ミクロメーター：最終的に物体の大きさを測る目盛。(**接眼**) レンズの中にセットする。

ミクロメーターを用いた測定
(1) 両ミクロメーターをセットし、ピントを合わせる。
(2) 両ミクロメーターの目盛が一致している場所を2か所探し、その間の目盛の数を数える。

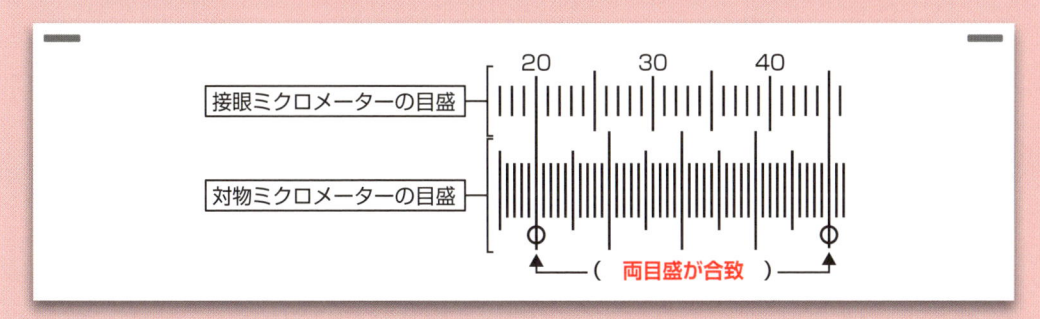

[図：接眼ミクロメーターの目盛、対物ミクロメーターの目盛、(**両目盛が合致**)]

(3) (**接眼**) ミクロメーター1目盛の大きさを計算する。
(4) (**対物**) ミクロメーターをはずし、代わりにプレパラートをセットする。
(5) (**接眼**) ミクロメーターを用いて大きさを計測する。

究極のポイント

① 上図では接眼ミクロメーター25目盛分と対物ミクロメーター40目盛分が同じ長さに見えている。

② 接眼ミクロメーター1目盛の大きさを $X\mu m$ とすると次の式が成り立つ。

$X\mu m \times$ (**25**) $=$ (**10**) $\mu m \times$ (**40**)　　∴　$X\mu m =$ (**16**) μm

③ 最終的には (**接眼**) ミクロメーターの目盛を用いて物体の大きさを測定する。

④ もし対物レンズの倍率を10倍から40倍に変えると、接眼ミクロメーターの1目盛の大きさは $\frac{10}{40} = \frac{1}{4}$ となる。上の場合であれば $16\mu m \times \frac{1}{4} = 4\mu m$ を表すことになる。

究極パネル 07 代謝とATP

(1) エネルギーを受け渡す役割をする物質が（　　　）＝（　　　　　　）

(2) ATPの構造と同化・異化

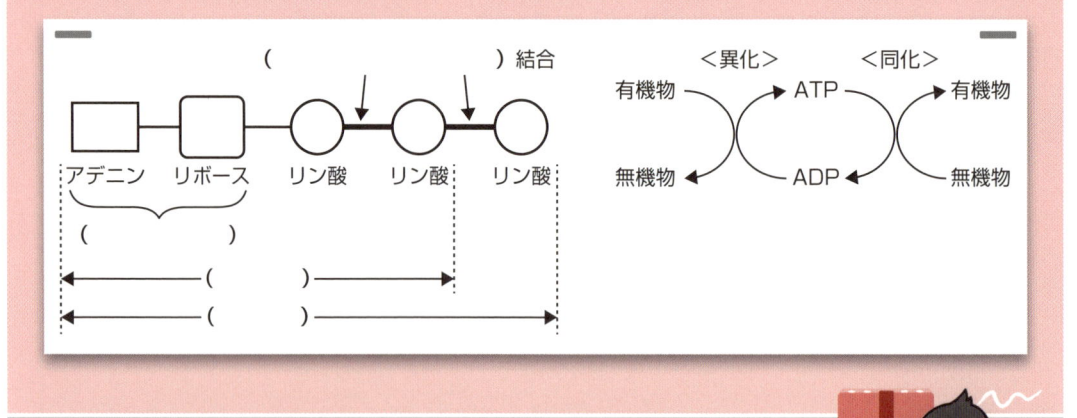

図：アデニン―リボース―リン酸―リン酸―リン酸
（　　）結合
｛アデニン＋リボース｝＝（　　　）
（　　　　　）
（　　　　　）

＜異化＞　　＜同化＞
有機物 → ATP → 有機物
無機物 ← ADP ← 無機物

究極のポイント

① ATPは（　　　　　　）と呼ばれる物質で、（　　　）に3つリン酸が結合している。アデノシンは（　　　）と（　　　）が結合したもの。

② ATPのリン酸とリン酸の間の結合を（　　　　　　）という。

③ ATPの一番端のリン酸が取れて生じた物質が（　　　　　　）（ADP）である。

④ ATPが分解されてADPになるとエネルギーが放出され、そのエネルギーによって物質の合成などが行われる。

⑤ エネルギーはADPにリン酸を結合してATPにすることで、蓄えておくことができる。

⑥ 生体内で行われる化学反応を（　　　）という。

⑦ 代謝には合成する反応である（　　　）と、分解する反応である（　　　）がある。

⑧ 同化が行われるためにはエネルギーを（　　　）することが必要で、そのためにATPが分解されADPになる。

⑨ 異化が行われるとエネルギーが（　　　）され、その結果ADPからATPが合成される。

究極パネル 07 代謝とATP

(1) エネルギーを受け渡す役割をする物質が（ **ATP** ）＝（ **アデノシン三リン酸** ）

(2) ATPの構造と同化・異化

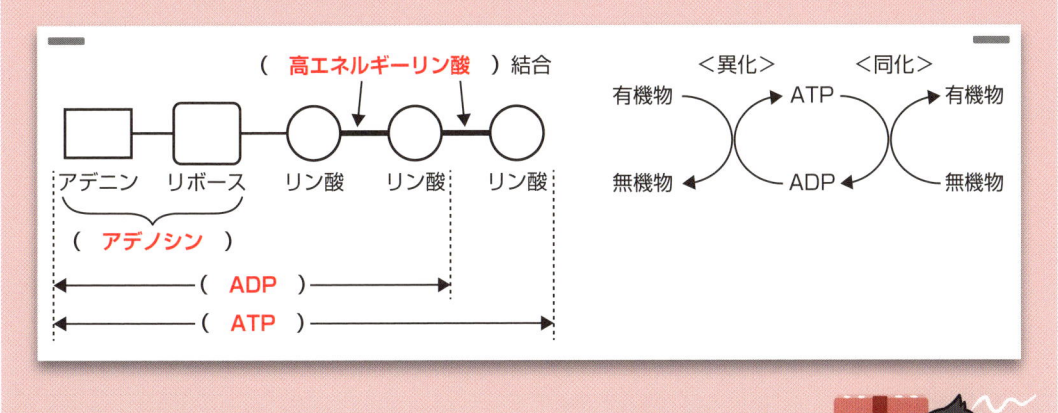

（ **高エネルギーリン酸** ）結合

アデニン — リボース — リン酸 — リン酸 — リン酸

（ **アデノシン** ）
（ **ADP** ）
（ **ATP** ）

＜異化＞　　＜同化＞
有機物 → ATP → 有機物
無機物 ← ADP ← 無機物

究極のポイント

① ATPは（ **アデノシン三リン酸** ）と呼ばれる物質で、（ **アデノシン** ）に3つリン酸が結合している。アデノシンは（ **アデニン** ）と（ **リボース** ）が結合したもの。

② ATPのリン酸とリン酸の間の結合を（ **高エネルギーリン酸結合** ）という。

③ ATPの一番端のリン酸が取れて生じた物質が（ **アデノシン二リン酸** ）（ADP）である。

④ ATPが分解されてADPになるとエネルギーが放出され、そのエネルギーによって物質の合成などが行われる。

⑤ エネルギーはADPにリン酸を結合してATPにすることで、蓄えておくことができる。

⑥ 生体内で行われる化学反応を（ **代謝** ）という。

⑦ 代謝には合成する反応である（ **同化** ）と、分解する反応である（ **異化** ）がある。

⑧ 同化が行われるためにはエネルギーを（ **吸収** ）することが必要で、そのためにATPが分解されADPになる。

⑨ 異化が行われるとエネルギーが（ **放出** ）され、その結果ADPからATPが合成される。

究極パネル 08 酵素

(1) ( )	それ自体は変化せず、化学反応を促進させる物質。
	すなわち触媒自身は消費されない。
(2) ( )	生体内で、触媒と同様の働きをするタンパク質。
	すなわち酵素自身は消費されない。

(例)（　　　）：過酸化水素（H_2O_2）を水（H_2O）と酸素（O_2）にする酵素。過酸化水素は消費されるが、カタラーゼは消費されない。

(3) 酵素が働く場所

光合成に関与する酵素	（　　　）内で働く。
呼吸に関与する酵素	（　　　）内で働く。
アミラーゼのような消化酵素	（　　　）に分泌されて働く。

(4) それぞれの反応には異なる酵素が関与する。

物質ア —→ 物質イ —→ 物質ウ —→ 物質エ
　　　　↑　　　　　↑　　　　　↑
　　　酵素A　　　酵素B　　　酵素C

究極のポイント

① それ自体は変化せず、化学反応を促進させる物質を（　　　）という。
（　　　　　　）は、過酸化水素を水と酸素に分解する触媒である。よって過酸化水素が分解されても酸化マンガン（Ⅳ）は変化せず、消費されたりしない。

② 酸化マンガン（Ⅳ）と同様の働きをするのが（　　　　）という酵素である。過酸化水素が分解されても、カタラーゼは消費されずに残っている。

③ 細胞内で働く酵素も多いが、消化酵素は細胞外に分泌されて消化管の中で働く。アミラーゼは（　　　）を分解する酵素で、唾液中に含まれている。

④ カタラーゼは過酸化水素に対して働くが他の物質には働かない。アミラーゼはデンプンを分解するがタンパク質は分解しない。このように、酵素はそれぞれ働きかける相手が決まっている。

⑤ したがって、生体内には非常に多くの種類の酵素が働き、種々の反応を順に、段階的に促進している。上の図では物質アから物質エまで3段階の反応があり、それぞれに異なる酵素が関与するので3種類の酵素が関与することになる。

究極パネル 08 酵素

(1) (**触媒**)	それ自体は変化せず、化学反応を促進させる物質。	
	すなわち触媒自身は消費されない。	
(2) (**酵素**)	生体内で、触媒と同様の働きをするタンパク質。	
	すなわち酵素自身は消費されない。	
(例) (**カタラーゼ**)	:過酸化水素（H_2O_2）を水（H_2O）と酸素（O_2）にする酵素。過酸化水素は消費されるが、カタラーゼは消費されない。	

(3) 酵素が働く場所

光合成に関与する酵素	（ **葉緑体** ）内で働く。
呼吸に関与する酵素	（ **ミトコンドリア** ）内で働く。
アミラーゼのような消化酵素	（ **細胞外** ）に分泌されて働く。

(4) それぞれの反応には異なる酵素が関与する。

物質ア → 物質イ → 物質ウ → 物質エ
　　↑　　　　↑　　　　↑
　　酵素A　　酵素B　　酵素C

究極のポイント

① それ自体は変化せず、化学反応を促進させる物質を（ **触媒** ）という。（ **酸化マンガン（Ⅳ）** ）は、過酸化水素を水と酸素に分解する触媒である。よって過酸化水素が分解されても酸化マンガン（Ⅳ）は変化せず、消費されたりしない。

② 酸化マンガン（Ⅳ）と同様の働きをするのが（ **カタラーゼ** ）という酵素である。過酸化水素が分解されても、カタラーゼは消費されずに残っている。

③ 細胞内で働く酵素も多いが、消化酵素は細胞外に分泌されて消化管の中で働く。アミラーゼは（ **デンプン** ）を分解する酵素で、唾液中に含まれている。

④ カタラーゼは過酸化水素に対して働くが他の物質には働かない。アミラーゼはデンプンを分解するがタンパク質は分解しない。このように、酵素はそれぞれ働きかける相手が決まっている。

⑤ したがって、生体内には非常に多くの種類の酵素が働き、種々の反応を順に、段階的に促進している。上の図では物質アから物質エまで3段階の反応があり、それぞれに異なる酵素が関与するので3種類の酵素が関与することになる。

究極パネル 09 光合成と呼吸

光合成

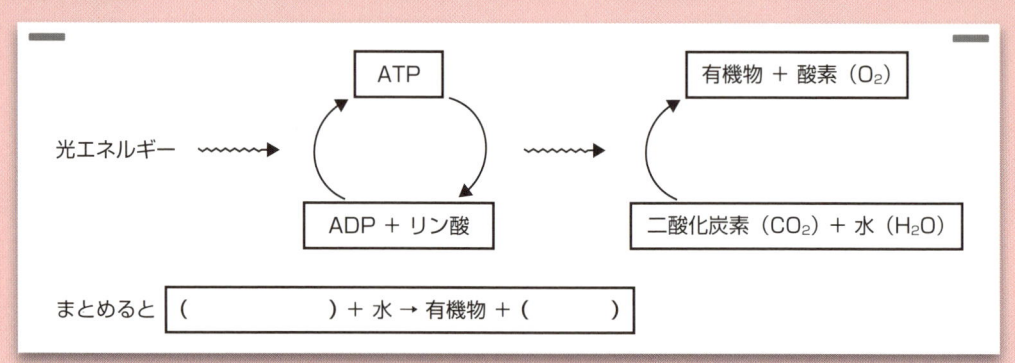

まとめると （　　　　　）＋ 水 → 有機物 ＋（　　　　　）

呼吸

まとめると 有機物 ＋（　　　　　）→（　　　　　）＋ 水

究極のポイント

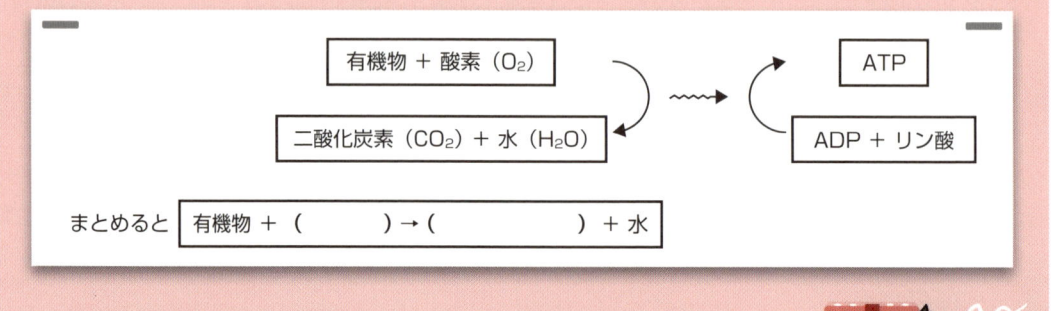

① 光エネルギーを用いてグルコースなどの有機物を合成する反応を（　　　　　）という。植物の細胞の（　　　　　）内で行われる。

② 光エネルギーを用いて直接有機物を合成するのではなく、光エネルギーを用いて ADP とリン酸の結合を行い、まず（　　　　　）する。この ATP を分解して生じたエネルギーを用いて、二酸化炭素と水から有機物を合成している。

③ 光合成の反応により有機物以外に（　　　　　）が生じる。

④ 有機物を、酸素を用いて二酸化炭素と水に分解し、ATP を合成する反応を（　　　　　）という。細胞内の（　　　　　）で行われる。

⑤ 動物細胞はもちろん、植物細胞でも呼吸は行われる。

究極パネル 09 光合成と呼吸

光合成

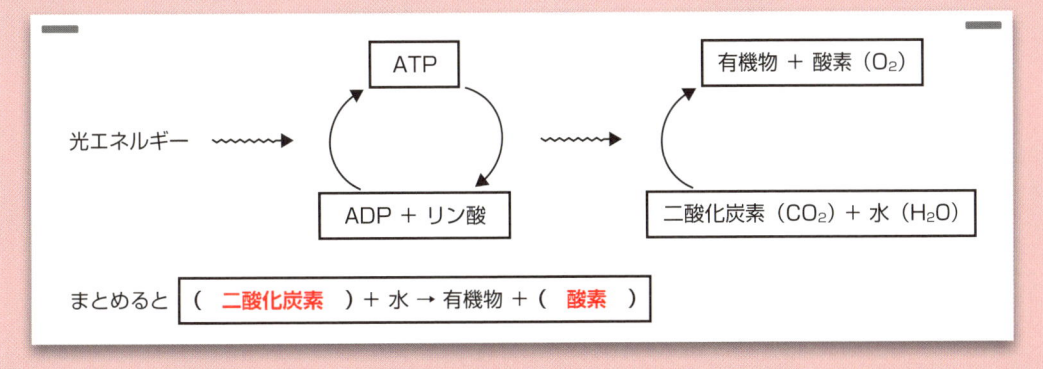

光エネルギー ～→ ATP ⇄ ADP + リン酸 ～→ 有機物 + 酸素（O_2） ← 二酸化炭素（CO_2）+ 水（H_2O）

まとめると （ **二酸化炭素** ）+ 水 → 有機物 +（ **酸素** ）

呼吸

有機物 + 酸素（O_2）→ 二酸化炭素（CO_2）+ 水（H_2O） ～→ ATP ⇄ ADP + リン酸

まとめると 有機物 +（ **酸素** ）→（ **二酸化炭素** ）+ 水

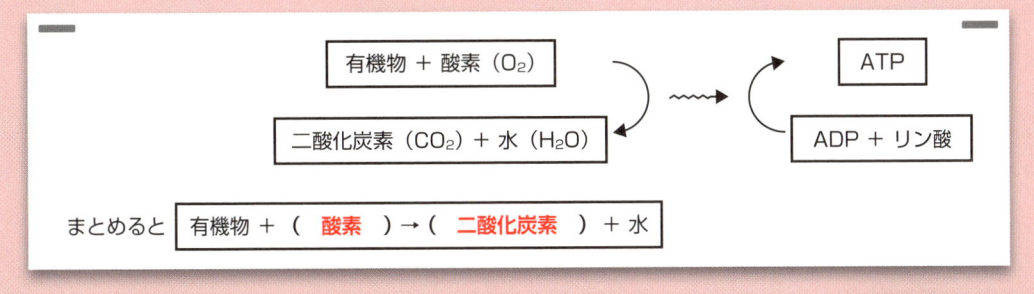

究極のポイント

① 光エネルギーを用いてグルコースなどの有機物を合成する反応を（ **光合成** ）という。植物の細胞の（ **葉緑体** ）内で行われる。

② 光エネルギーを用いて直接有機物を合成するのではなく、光エネルギーを用いて ADP とリン酸の結合を行い、まず（ **ATP を合成** ）する。この ATP を分解して生じたエネルギーを用いて、二酸化炭素と水から有機物を合成している。

③ 光合成の反応により有機物以外に（ **酸素** ）が生じる。

④ 有機物を、酸素を用いて二酸化炭素と水に分解し、ATP を合成する反応を（ **呼吸** ）という。細胞内の（ **ミトコンドリア** ）で行われる。

⑤ 動物細胞はもちろん、植物細胞でも呼吸は行われる。

究極パネル 10 共生説

共生説

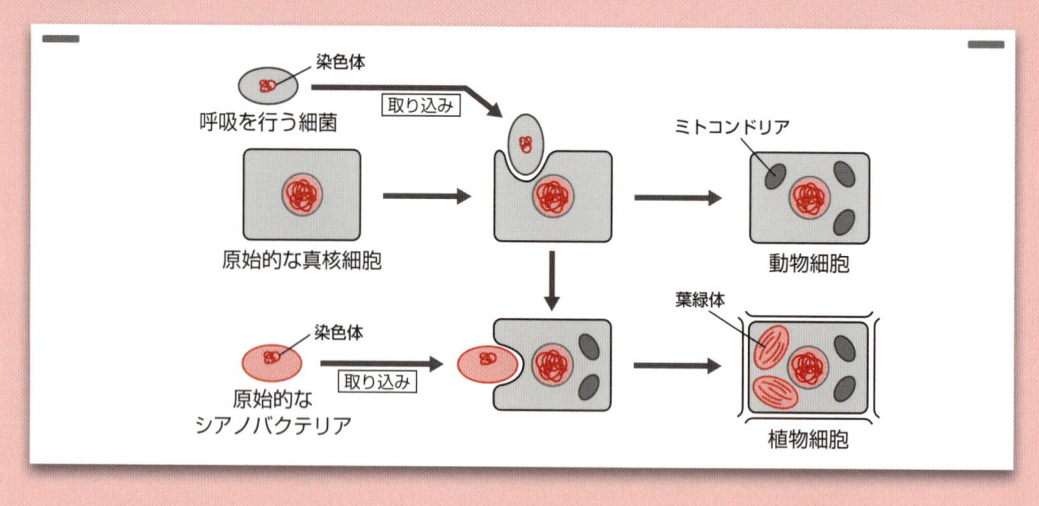

(図：原始的な真核細胞に呼吸を行う細菌が取り込まれて動物細胞に、原始的なシアノバクテリアが取り込まれて植物細胞になる過程)

共生説の根拠

(1) ミトコンドリアと葉緑体には、独自の（　　　　）がある。
(2) ミトコンドリアと葉緑体は、（　　　　）によって増殖することができる。

究極のポイント

① 核やミトコンドリアをもち、酸素を用いて呼吸を行う真核生物が生じる前は、酸素を用いずに有機物を分解する原核生物（嫌気性細菌）がいたと考えられている。

② その後現れた原始的な真核細胞に、好気性細菌が取り込まれて共生して（　　　　）になり、さらに光合成を行う（　　　　）が取り込まれて共生して（　　　　）になったと考えられている。

③ このように、ある生物の細胞内に他の生物が取り込まれて共生することを（　　　　）といい、細胞内共生によってミトコンドリアや葉緑体が生じたという考えを（　　　　）という。

④ シアノバクテリアが取り込まれなかった細胞からはやがて動物が、シアノバクテリアが取り込まれた細胞からは、やがて（　　　　）が生じたと考えられる。

⑤ ミトコンドリアと葉緑体には核とは別の（　　　　）こと、細胞分裂とは別に（　　　　）といったことが、共生説の根拠となっている。

究極パネル 10 共生説

共生説

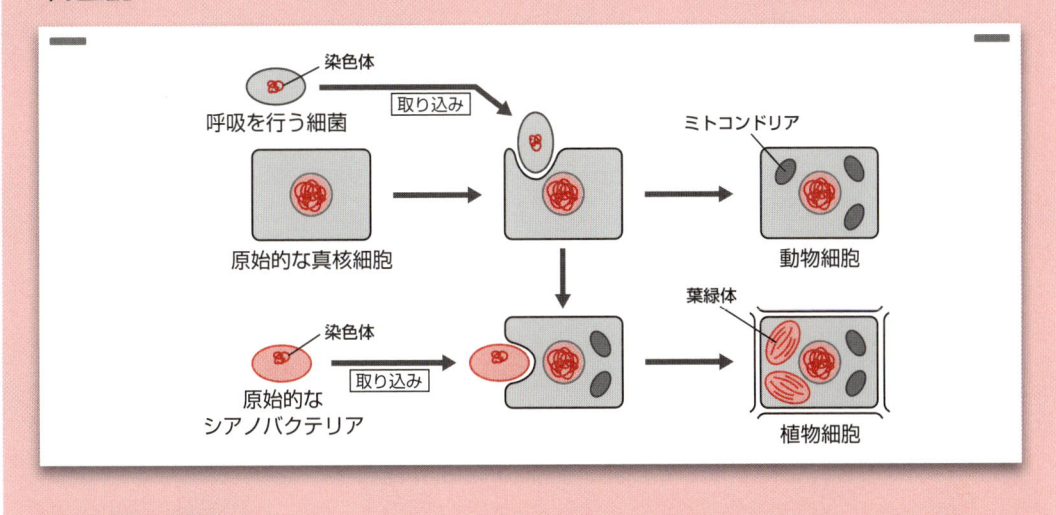

（図：呼吸を行う細菌が原始的な真核細胞に取り込まれてミトコンドリアとなり動物細胞へ、原始的なシアノバクテリアが取り込まれて葉緑体となり植物細胞へ）

共生説の根拠

(1) ミトコンドリアと葉緑体には、独自の（ **DNA** ）がある。
(2) ミトコンドリアと葉緑体は、（ **分裂** ）によって増殖することができる。

究極のポイント

① 核やミトコンドリアをもち、酸素を用いて呼吸を行う真核生物が生じる前は、酸素を用いずに有機物を分解する原核生物（嫌気性細菌）がいたと考えられている。

② その後現れた原始的な真核細胞に、好気性細菌が取り込まれて共生して（ **ミトコンドリア** ）になり、さらに光合成を行う（ **シアノバクテリア** ）が取り込まれて共生して（ **葉緑体** ）になったと考えられている。

③ このように、ある生物の細胞内に他の生物が取り込まれて共生することを（ **細胞内共生** ）といい、細胞内共生によってミトコンドリアや葉緑体が生じたという考えを（ **共生説** ）という。

④ シアノバクテリアが取り込まれなかった細胞からはやがて動物が、シアノバクテリアが取り込まれた細胞からは、やがて（ **植物** ）が生じたと考えられる。

⑤ ミトコンドリアと葉緑体には核とは別の（ **独自のDNAがある** ）こと、細胞分裂とは別に（ **分裂して増殖することができる** ）といったことが、共生説の根拠となっている。

第1章 究極のポイント 確認問題

☑ **1** 現在知られている生物種は約180万種であるが、それらには共通点がある。その共通点に関する記述として誤っているものを1つ選べ。

① 代謝を行い、エネルギーを出入りさせる。
② DNAを遺伝情報としてもち、増殖することができる。
③ 刺激に対して反応し、恒常性を保つ。
④ 多くの細胞からなる。

☑ **2** 原核細胞の特徴として誤っているものを1つ選べ。

① 核膜に囲まれた核をもたない。
② DNAをもつ。
③ ミトコンドリアや葉緑体や細胞壁をもたない。
④ 細胞膜をもつ。

☑ **3** 次の中から原核生物だけを組み合わせているものを1つ選べ。

① 大腸菌、酵母（菌）　　② 大腸菌、ネンジュモ
③ カナダモ、ネンジュモ　　④ 大腸菌、インフルエンザウイルス
⑤ 酵母（菌）、ゾウリムシ

☑ **4** 細胞小器官の特徴や働きについての記述として正しいものを1つ選べ。

① 染色体はDNAと糖類からなる。
② ミトコンドリアは呼吸により有機物を分解し、DNAを合成する。
③ 葉緑体は植物や菌類の細胞には含まれるが動物の細胞には含まれない。
④ 細胞に含まれる液体を細胞液という。
⑤ 液胞中にはクロロフィルなどの色素が含まれる。
⑥ 植物細胞の細胞壁はセルロースやペクチンからなる。

☑ **5** いろいろな大きさを不等号で示した。正しいものを1つ選べ。

① ヒトの赤血球＞ゾウリムシ　　② ミトコンドリア＞核
③ 葉緑体＞ミトコンドリア　　④ 大腸菌＞ヒトの赤血球

第1章 究極のポイント 確認問題　解答と解説

1 解答：④　　　→究極パネル01

選択肢の①、②、③は生物の共通点として正しい文です。

④　すべての生物は細胞を基本単位としています。その細胞がたくさん集まった多細胞生物もいれば、たった1つの細胞からなる単細胞生物もいます。アメーバ、ゾウリムシ、大腸菌などは単細胞生物です。したがってすべての生物が多くの細胞からなるわけではありません。

2 解答：③　　　→究極パネル02

原核細胞には核膜に囲まれた核はなく、ミトコンドリアや葉緑体、液胞などもありません。しかし、DNAはもち、細胞膜や細胞壁はあります。細胞壁があることは意外と盲点で、間違えやすいので注意しましょう！！

3 解答：②　　　→究極パネル02

原核生物の代表例として大腸菌、根粒菌、ユレモ、ネンジュモは覚えておきましょう。そして酵母（菌）は真核生物の菌類の一種であることに注意しましょう。名前が大腸菌や根粒菌と似ているだけで、酵母（菌）はれっきとした真核生物です。カナダモやゾウリムシも真核生物です。また、ウイルスはちゃんとした生物ではないので、原核生物でもありません。

4 解答：⑥　　　→究極パネル03

① 染色体はDNAとタンパク質からなります。
② ミトコンドリアは呼吸によってATPを合成する場です。
③ 葉緑体は植物の細胞には含まれますが、菌類の細胞には含まれません。
④ 細胞に含まれる液体ではなく、液胞内部の液体を細胞液といいます。
⑤ 液胞中に含まれている色素はクロロフィルではなくアントシアンです。クロロフィルは葉緑体に含まれている色素です。

5 解答：③　　　→究極パネル04

① ヒトの赤血球（7～8 μm）＜ゾウリムシ（200 μm）
② ミトコンドリア（3 μm）＜核（10 μm）
③ 葉緑体（5 μm）＞ミトコンドリア（3 μm）
④ 大腸菌（2～3 μm）＜ヒトの赤血球（7～8 μm）

第1章 究極のポイント 確認問題

☑ 6 顕微鏡の操作およびミクロメーターを用いた測定について正しいものを1つ選べ。

① 顕微鏡の視野の中で右上にある物体を中央に移動させるには、プレパラートを左下に動かせばよい。
② 高倍率に変えると、焦点深度が深くなり、視野が明るくなる。
③ 接眼ミクロメーターは接眼レンズの中、対物ミクロメーターは対物レンズの中にセットする。
④ 接眼ミクロメーター25目盛と対物ミクロメーター10目盛が一致していた場合、接眼ミクロメーター1目盛は4μ目盛である。
⑤ 対物レンズだけを10倍から40倍に変えると、接眼ミクロメーター1目盛が示す大きさは4倍になる。

☑ 7 ATPの構造として正しいものを1つ選べ。□はアデニン、◇はリボース、○はリン酸を示す。

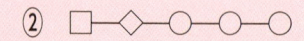

①　◇―□―○―○　　②　□―◇―○―○―○　　③　◇―○―○―○―□

☑ 8 酵素を用いた実験として正しいものを1つ選べ。

① カタラーゼと過酸化水素を試験管に入れるとカタラーゼが分解されて酸素が生じる。
② カタラーゼと過酸化水素を試験管に入れると、最初は酸素が発生したが、やがて酸素が発生しなくなった。これはカタラーゼが消費されてしまったからである。
③ 酸化マンガン（Ⅳ）と過酸化水素を試験管に入れても酸素が発生する。
④ カタラーゼと酸化マンガン（Ⅳ）を試験管に入れると酸素が発生する。

☑ 9 光合成と呼吸に関して正しいものを1つ選べ。

① 光合成ではATPを合成する反応も、ATPを分解する反応も行われる。
② 光合成が行われると有機物と二酸化炭素が生じる。
③ 呼吸ではATPを合成し、そのエネルギーで有機物を分解する。
④ 植物細胞では光合成が行われるが呼吸は行われない。
⑤ 光合成は葉緑体で、呼吸は液胞で行われる。

☑ 10 共生説について誤っているものを1つ選べ。

① ミトコンドリアは好気性細菌が共生して生じたと考えられている。
② 葉緑体はシアノバクテリアの一種が共生して生じたと考えられている。
③ ミトコンドリアと葉緑体には独自の核があることが共生説の根拠である。
④ ミトコンドリアと葉緑体は分裂によって増殖することができるのが共生説の根拠である。

第1章 究極のポイント　確認問題　解答と解説

6　解答：④　　➡究極パネル05　➡究極パネル06

① 顕微鏡で見えている像は上下左右が逆なので、右上に見えている物体を中央に移動させるにはプレパラートを右上に動かします。
② 高倍率に変えると焦点深度は浅くなり、視野は暗くなります。
③ 対物ミクロメーターはステージの上にセットします。
④ 接眼ミクロメーター1目盛を x μm とすると x μm × 25 = 10 μm × 10
　　∴ x = 4 (μm)
⑤ 倍率が4倍になったので、接眼ミクロメーター1目盛の大きさは $\frac{1}{4}$ になります。

7　解答：②　　➡究極パネル07

　ATP はアデニンとリボースとリン酸からなる……と覚えているだけではダメ！　その構造を自分で描けるようにしておきましょう。リボースの一方にアデニン、他方にリン酸が結合した形になっています。ついでに高エネルギーリン酸結合の位置も確認しておきましょう！

8　解答：③　　➡究極パネル08

　カタラーゼは過酸化水素を水と酸素にする反応を促進する酵素です。酵素は触媒の一種なので、自分自身は消費されません。よって①や②のようにカタラーゼが分解されたとか、カタラーゼが消費されたというのはすべて誤りです。酸化マンガン（Ⅳ）は酵素ではありませんが、カタラーゼと同じ作用をもつ触媒なので、酸化マンガン（Ⅳ）も過酸化水素を水と酸素にする反応を促進します。しかし、カタラーゼと酸化マンガン（Ⅳ）があっても過酸化水素がなければ何の反応も起こりません。

9　解答：①　　➡究極パネル09

① 光合成ではまず光エネルギーを使って ATP を合成し、その ATP を分解して二酸化炭素から有機物を合成します。
② 光合成が行われると有機物と酸素が生じます。
③ 呼吸では、有機物を分解し、そのとき生じるエネルギーによって ATP を合成します。
④ 植物細胞でも呼吸は行われます。
⑤ 光合成は葉緑体で、呼吸はミトコンドリアで行われます。

10　解答：③　　➡究極パネル10

　ミトコンドリアと葉緑体には核とは別の独自の DNA があります。核があるわけではありません。

MEMO

第 2 章

遺伝子

第 2 章では遺伝子の構造や特徴を学習します。この内容も、センター試験生物基礎では第 1 問として出題されます。計算問題なども登場しますが、最先端の生物学を理解するためにも不可欠な重要な単元です。頑張りましょう！

■この章で登場する超重要用語ベスト 21

第 2 章を学習した後で、次の用語を見て、学習した内容がすぐに思い出せるかどうかチェックしましょう！

- ☑ 1 形質転換
- ☑ 2 ウイルス
- ☑ 3 核酸
- ☑ 4 ヌクレオチド
- ☑ 5 デオキシリボース
- ☑ 6 チミン
- ☑ 7 ウラシル
- ☑ 8 二重らせん構造
- ☑ 9 シャルガフの規則
- ☑ 10 転写
- ☑ 11 翻訳
- ☑ 12 mRNA
- ☑ 13 セントラルドグマ
- ☑ 14 トリプシン
- ☑ 15 エタノール
- ☑ 16 細胞周期
- ☑ 17 G_1 期、S 期、G_2 期
- ☑ 18 固定
- ☑ 19 解離
- ☑ 20 ゲノム
- ☑ 21 相同染色体

究極パネル 11 形質転換

(1) 肺炎双球菌には鞘をもつ（　　　）菌と鞘をもたない（　　　）菌がある。
(2) S型菌は動物の体内でも増殖できるので、病原性が（　　　）。
(3) R型菌は、動物の体内では白血球の（　　　）で処理されるので増殖できず、病原性が（　　　）。
(4) グリフィスの実験：肺炎双球菌をネズミに注射

① S型菌のみネズミに注射	ネズミは発病（　　　）。
② R型菌のみネズミに注射	ネズミは発病（　　　）。
③ R型菌＋S型死菌をネズミに注射	ネズミは発病（　　　）。体内で（　　　）型菌が増殖。

(5) エイブリー（アベリー）の実験：肺炎双球菌を寒天培地で培養

① R型菌＋タンパク質分解酵素で処理したS型菌	多数の（　　　）型菌と少数の（　　　）型菌が増殖。
② R型菌＋DNA分解酵素で処理したS型菌	（　　　）型のみ増殖。
結論	R型菌をS型菌に形質転換させる原因物質は（　　　）だ！

究極のポイント

① S型菌には鞘があり、（　　　　　　　　　）を免れることができるので、動物体内でも増殖できる。その結果肺炎を起こさせる。

②（4）の③でS型死菌に含まれる何かの成分によってR型がS型に変化したことがわかる。（4）の③で、R型菌の一部がS型菌に変化し、残りの大多数はR型菌のままだが、ネズミの体内では白血球によってR型菌は処理されてしまうので、ネズミの体内で増殖するのはS型菌のみとなる。

③（5）の①でタンパク質が形質転換させる原因物質ではないことがわかる。（5）の①でもR型菌の一部がS型菌に変化し、残りの大多数はR型菌のままだが、（4）の③とは違い、寒天培地で培養しているので、白血球は存在せず、R型菌のままのものも増殖できる。

④（5）の②でDNAが形質転換させる原因物質だ、とわかる。

⑤ 形質転換とは、他の系統のDNAを取り込み、形質が変化する現象のことである。

究極パネル 11　形質転換

(1) 肺炎双球菌には鞘をもつ（ **S型** ）菌と鞘をもたない（ **R型** ）菌がある。
(2) S型菌は動物の体内でも増殖できるので、病原性が（ **ある** ）。
(3) R型菌は、動物の体内では白血球の（ **食作用** ）で処理されるので増殖できず、病原性が（ **ない** ）。
(4) グリフィスの実験：肺炎双球菌をネズミに注射

① S型菌のみネズミに注射	ネズミは発病（ **する** ）。
② R型菌のみネズミに注射	ネズミは発病（ **しない** ）。
③ R型菌＋S型死菌をネズミに注射	ネズミは発病（ **する** ）。体内で（ **S** ）型菌が増殖。

(5) エイブリー（アベリー）の実験：肺炎双球菌を寒天培地で培養

① R型菌＋タンパク質分解酵素で処理したS型菌	多数の（ **R** ）型菌と少数の（ **S** ）型菌が増殖。
② R型菌＋DNA分解酵素で処理したS型菌	（ **R** ）型のみ増殖。
結論	R型菌をS型菌に形質転換させる原因物質は（ **DNA** ）だ！

究極のポイント

① S型菌には鞘があり、（ **白血球の食作用** ）を免れることができるので、動物体内でも増殖できる。その結果肺炎を起こさせる。

② (4)の③でS型死菌に含まれる何かの成分によってR型がS型に変化したことがわかる。(4)の③で、R型菌の一部がS型菌に変化し、残りの大多数はR型菌のままだが、ネズミの体内では白血球によってR型菌は処理されてしまうので、ネズミの体内で増殖するのはS型菌のみとなる。

③ (5)の①でタンパク質が形質転換させる原因物質ではないことがわかる。(5)の①でもR型菌の一部がS型菌に変化し、残りの大多数はR型菌のままだが、(4)の③とは違い、寒天培地で培養しているので、白血球は存在せず、R型菌のままのものも増殖できる。

④ (5)の②でDNAが形質転換させる原因物質だ、とわかる。

⑤ 形質転換とは、他の系統のDNAを取り込み、形質が変化する現象のことである。

究極パネル 12 ファージの増殖

ファージ

(1) ファージは（　　　　　　）の一種。⇒単独では自己増殖できない。
(2) ファージの構成成分は（　　　　）と（　　　　　　）だけ。
(3) ハーシーとチェイスの実験

1	DNA にのみ印の付いたファージ（X とする）とタンパク質にのみ印の付いたファージ（Y とする）を用意し、それぞれを大腸菌に感染させる。
2	激しく撹拌し、さらに遠心分離にかける。
3	X を用いた場合は主に沈殿から、Y を用いた場合は主に上澄みから印が検出される。
4	X を用いた場合のみ大腸菌から印の付いた子ファージが検出される。
結論	ファージは大腸菌に感染すると（　　　　）だけを大腸菌内に注入し、その DNA を基にして子ファージが増殖する。⇒遺伝子の本体は（　　　　）だ！

T_2 ファージの増殖

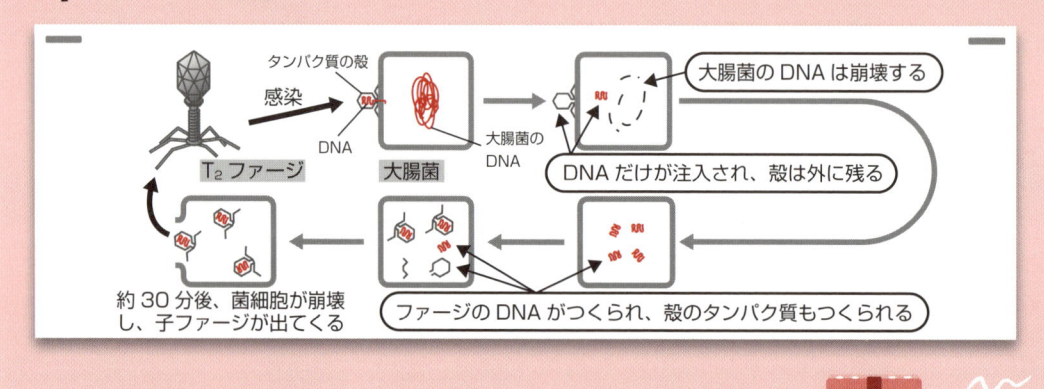

究極のポイント

① ファージは大腸菌に感染すると（　　　　）だけを大腸菌内に注入する（タンパク質の殻は大腸菌表面に付着したまま）。

② 激しく撹拌することで大腸菌表面に付着した（　　　　　　）の殻を取り除く。

③ 遠心分離にかけると、大腸菌は（　　　　）し、タンパク質の殻は（　　　　）に分画される。

④ DNA は大腸菌内に入っているので、DNA の印は（　　　　）の方から検出される。

⑤ さらに子ファージに DNA の印が検出されるので、DNA を基にして子ファージが増殖したことがわかる。

究極パネル 12　ファージの増殖

ファージ

(1) ファージは（ **ウイルス** ）の一種。⇒単独では自己増殖できない。
(2) ファージの構成成分は（ **DNA** ）と（ **タンパク質** ）だけ。
(3) ハーシーとチェイスの実験

1	DNAにのみ印の付いたファージ（Xとする）とタンパク質にのみ印の付いたファージ（Yとする）を用意し、それぞれを大腸菌に感染させる。
2	激しく撹拌し、さらに遠心分離にかける。
3	Xを用いた場合は主に沈殿から、Yを用いた場合は主に上澄みから印が検出される。
4	Xを用いた場合のみ大腸菌から印の付いた子ファージが検出される。
結論	ファージは大腸菌に感染すると（ **DNA** ）だけを大腸菌内に注入し、そのDNAを基にして子ファージが増殖する。⇒遺伝子の本体は（ **DNA** ）だ！

T_2ファージの増殖

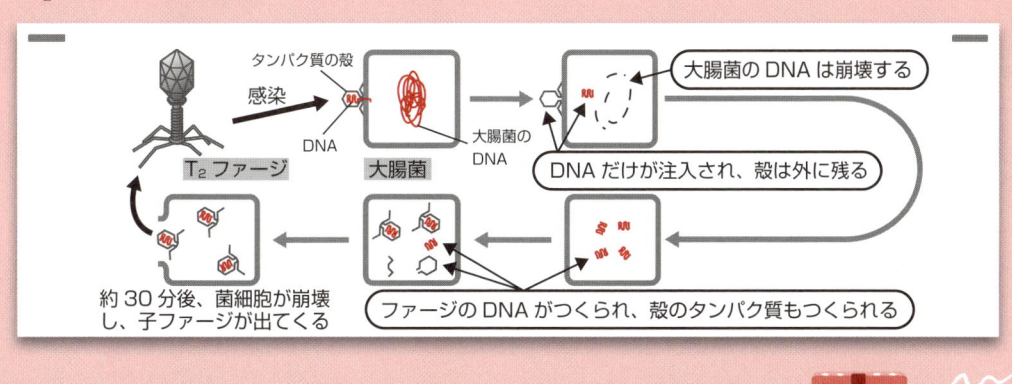

究極のポイント

① ファージは大腸菌に感染すると（ **DNA** ）だけを大腸菌内に注入する（タンパク質の殻は大腸菌表面に付着したまま）。

② 激しく撹拌することで大腸菌表面に付着した（ **タンパク質** ）の殻を取り除く。

③ 遠心分離にかけると、大腸菌は（ **沈殿** ）し、タンパク質の殻は（ **上澄み** ）に分画される。

④ DNAは大腸菌内に入っているので、DNAの印は（ **沈殿** ）の方から検出される。

⑤ さらに子ファージにDNAの印が検出されるので、DNAを基にして子ファージが増殖したことがわかる。

究極パネル 13 核酸の構造

ヌクレオチド

( )
( ) A or G or C or T or U
( )
デオキシリボース or リボース

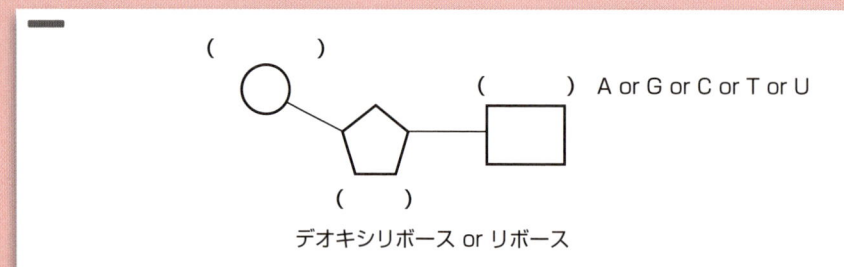

DNA と RNA の比較

	DNA	RNA
正式名称	( )	( )
糖	( )	( )
塩基	アデニン、グアニン、シトシン、チミン	アデニン、グアニン、シトシン、ウラシル
構造	二重らせん構造	一本鎖

究極のポイント

① 核酸の最小単位を（　　　　　）という。

② ヌクレオチドは（　　）と（　　　）と（　　　）からなる。

③ ヌクレオチドを構成する糖は（　　　　　　）か（　　　　　）の2種類。

④ ヌクレオチドを構成する塩基は（　　　　　）、（　　　　　）、（　　　　　）、（　　　　　）、（　　　　　）の5種類。

⑤ 糖がデオキシリボースである核酸を（　　　　　　　）、糖がリボースである核酸を（　　　　　　　）という。

⑥ DNAを構成する塩基はアデニン（A）、グアニン（G）、シトシン（C）、（　　　　　　）の4種類、RNAを構成する塩基はアデニン（A）、グアニン（G）、シトシン（C）、（　　　　　）の4種類。

究極パネル 13 核酸の構造

ヌクレオチド

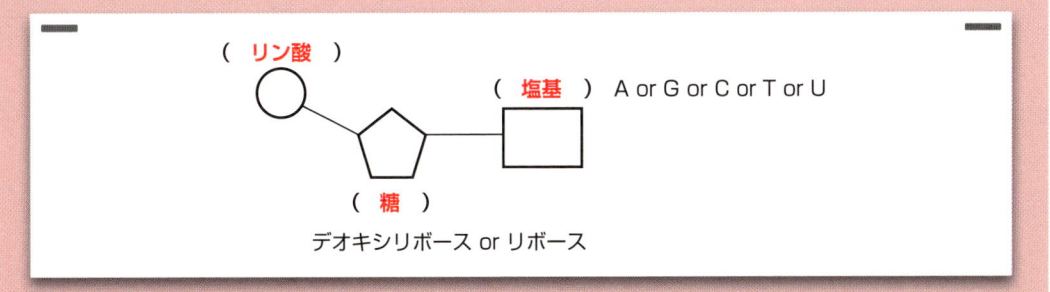

(リン酸)
(塩基) A or G or C or T or U
(糖)
デオキシリボース or リボース

DNA と RNA の比較

	DNA	RNA
正式名称	(デオキシリボ核酸)	(リボ核酸)
糖	(デオキシリボース)	(リボース)
塩基	アデニン、グアニン、シトシン、チミン	アデニン、グアニン、シトシン、ウラシル
構造	二重らせん構造	一本鎖

究極のポイント

① 核酸の最小単位を（ ヌクレオチド ）という。

② ヌクレオチドは（ 糖 ）と（ リン酸 ）と（ 塩基 ）からなる。

③ ヌクレオチドを構成する糖は（ デオキシリボース ）か（ リボース ）の2種類。

④ ヌクレオチドを構成する塩基は（ アデニン（A） ）、（ グアニン（G） ）、（ シトシン（C） ）、（ チミン（T） ）、（ ウラシル（U） ）の5種類。

⑤ 糖がデオキシリボースである核酸を（ DNA（デオキシリボ核酸） ）、糖がリボースである核酸を（ RNA（リボ核酸） ）という。

⑥ DNAを構成する塩基はアデニン（A）、グアニン（G）、シトシン（C）、（ チミン（T） ）の4種類、RNAを構成する塩基はアデニン（A）、グアニン（G）、シトシン（C）、（ ウラシル（U） ）の4種類。

究極パネル 14 DNA の構造

DNA の構造

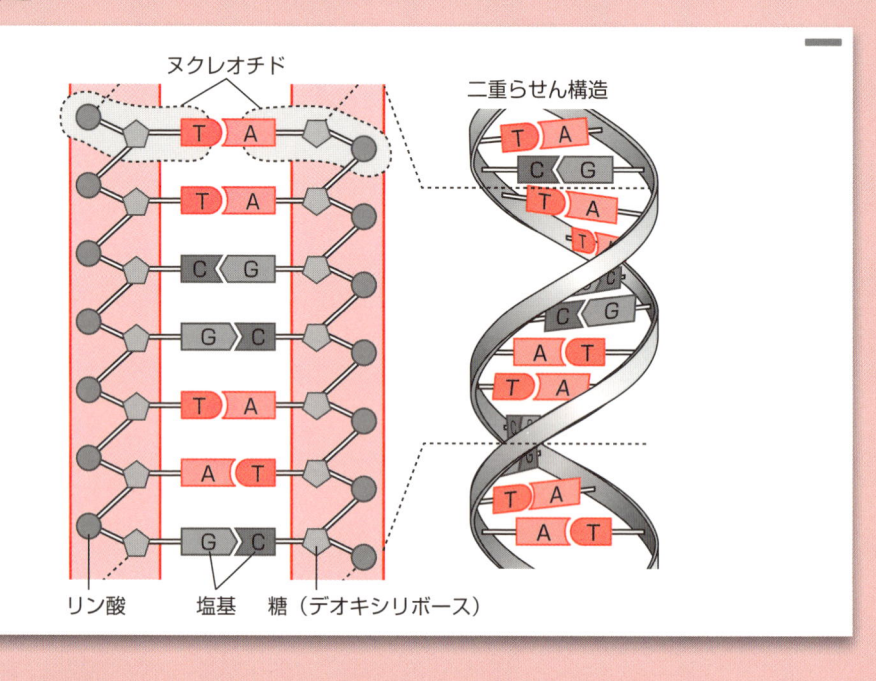

（図：ヌクレオチド、二重らせん構造、リン酸、塩基、糖（デオキシリボース））

シャルガフの規則

(1) 二重らせん構造のDNAにおいては、
　⇒ A の数と（　　）の数は等しい。
　⇒ G の数と（　　）の数は等しい。

究極のポイント

① DNA はヌクレオチド鎖が 2 本向かい合わせに並んだ（　　　　　　　）をしている。

② ヌクレオチドは（　　　　　　　）が結合して主鎖を構成している。

③ DNA では 2 本のヌクレオチド鎖どうしは向かい合わせの塩基どうしにより結合する。

④ 塩基どうしはアデニン（A）とチミン（T）、グアニン（G）とシトシン（C）が結合している。このような関係を（　　　　）な関係という。

⑤ したがって、二本鎖DNAにおいては、（　　　　　　　　　　）、（　　　　　　　　　　）なる。これを（　　　　　　　）という。

究極パネル 14 DNAの構造

DNAの構造

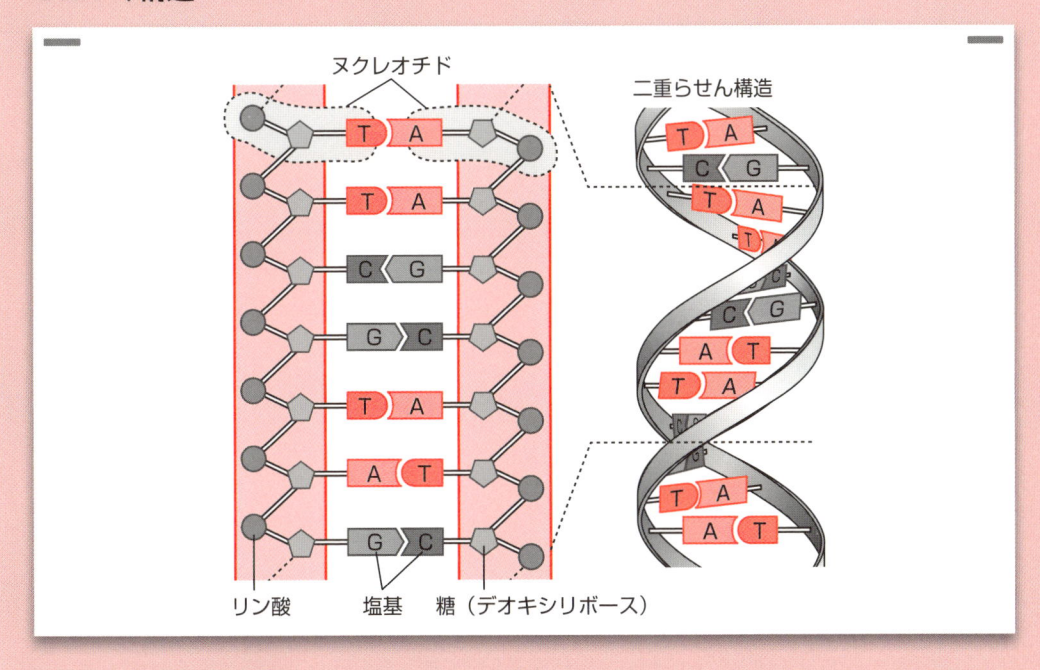

（図：ヌクレオチド、二重らせん構造、リン酸、塩基、糖（デオキシリボース））

シャルガフの規則

(1) 二重らせん構造のDNAにおいては、
　⇒ Aの数と（ **T** ）の数は等しい。
　⇒ Gの数と（ **C** ）の数は等しい。

究極のポイント

① DNAはヌクレオチド鎖が2本向かい合わせに並んだ（ **二重らせん構造** ）をしている。

② ヌクレオチドは（ **糖とリン酸** ）が結合して主鎖を構成している。

③ DNAでは2本のヌクレオチド鎖どうしは向かい合わせの塩基どうしにより結合する。

④ 塩基どうしはアデニン（A）とチミン（T）、グアニン（G）とシトシン（C）が結合している。このような関係を（ **相補的** ）な関係という。

⑤ したがって、二本鎖DNAにおいては、（ **Aの数とTの数は等しく** ）、（ **Gの数とCの数も等しく** ）なる。これを（ **シャルガフの規則** ）という。

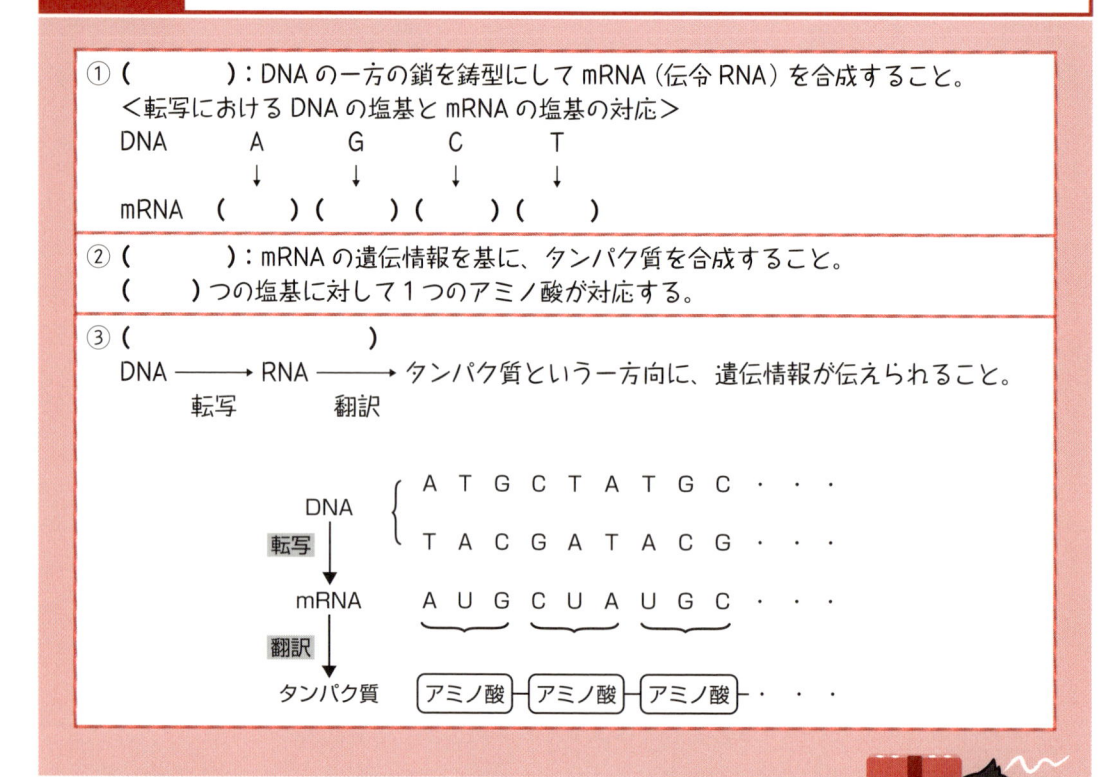

究極パネル 15 転写翻訳

① (　　　)：DNA の一方の鎖を鋳型にして mRNA（伝令 RNA）を合成すること。
＜転写における DNA の塩基と mRNA の塩基の対応＞

DNA　　　A　　　G　　　C　　　T
　　　　　↓　　　↓　　　↓　　　↓
mRNA　（　）（　）（　）（　）

② (　　　)：mRNA の遺伝情報を基に、タンパク質を合成すること。
　（　）つの塩基に対して 1 つのアミノ酸が対応する。

③ (　　　　　　　)
DNA ──→ RNA ──→ タンパク質という一方向に、遺伝情報が伝えられること。
　　　転写　　　翻訳

DNA ｛ A T G C T A T G C ・・・
　　　 T A C G A T A C G ・・・
転写 ↓
mRNA　A U G C U A U G C ・・・
翻訳 ↓
タンパク質　アミノ酸─アミノ酸─アミノ酸─・・・

究極のポイント

① DNA の二重らせんの一部がほどけ、二本鎖の (　　　) の塩基配列を鋳型として、(　　　) が合成される。この過程を (　　　) という。

② mRNA の 3 つの塩基を 1 組として、それにアミノ酸が 1 つ対応し、(　　　　　) が合成される。この過程を (　　　) という。

③ すべての生物は、DNA を遺伝子の本体としてもち、その遺伝情報はまず mRNA に写し取られ、さらにタンパク質のアミノ酸配列へと読みかえられていく。
このように遺伝情報が一方向に伝えられていることを (　　　　　　) という。

究極パネル 15 転写翻訳

① (**転写**)：DNAの一方の鎖を鋳型にしてmRNA（伝令RNA）を合成すること。
 ＜転写におけるDNAの塩基とmRNAの塩基の対応＞

 DNA　　A　　G　　C　　T
 　　　　↓　　↓　　↓　　↓
 mRNA　(**U**)(**C**)(**G**)(**A**)

② (**翻訳**)：mRNAの遺伝情報を基に、タンパク質を合成すること。
　(**3**)つの塩基に対して1つのアミノ酸が対応する。

③ (**セントラルドグマ**)

　DNA ──→ RNA ──→ タンパク質という一方向に、遺伝情報が伝えられること。
　　　　転写　　　翻訳

```
       ┌ A T G C T A T G C ・・・
DNA  ┤
       └ T A C G A T A C G ・・・
 転写 ↓
mRNA   A U G C U A U G C ・・・
 翻訳 ↓
タンパク質 [アミノ酸]-[アミノ酸]-[アミノ酸]-・・・
```

究極のポイント

① DNAの二重らせんの一部がほどけ、二本鎖の(**一方**)の塩基配列を鋳型として、(**mRNA**)が合成される。この過程を(**転写**)という。

② mRNAの3つの塩基を1組として、それにアミノ酸が1つ対応し、(**タンパク質**)が合成される。この過程を(**翻訳**)という。

③ すべての生物は、DNAを遺伝子の本体としてもち、その遺伝情報はまずmRNAに写し取られ、さらにタンパク質のアミノ酸配列へと読みかえられていく。
このように遺伝情報が一方向に伝えられていることを(**セントラルドグマ**)という。

究極パネル 16 DNA の抽出

(1) DNA は食塩水にはよく溶けるが、エタノールには溶けないという性質を利用する。

手順1	試料にトリプシン、中性洗剤、食塩水を加えてよくすりつぶす。
手順2	100℃で湯煎する。
手順3	ガーゼでこして冷やし、そこへ冷やしたエタノールを加える。
手順4	ガラス棒でかき混ぜ、DNA を絡みつかせる。

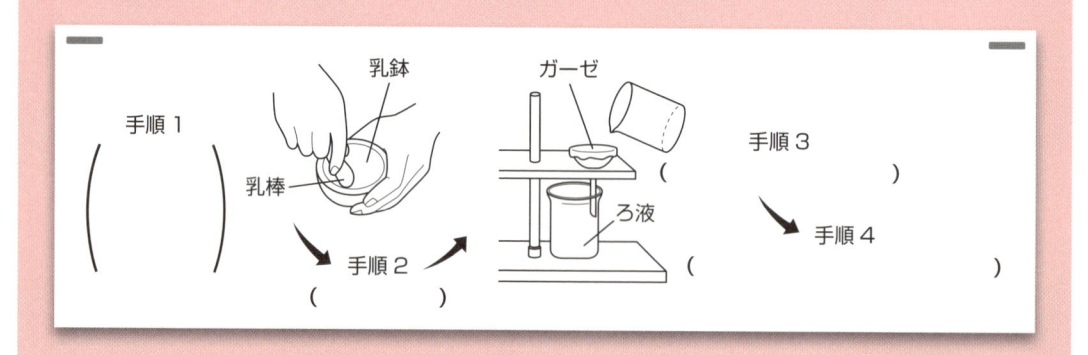

究極のポイント

① DNA はタンパク質と結合しているので、(　　　　　)によってタンパク質を分解する。

② 細胞膜や核膜を分解するため中性洗剤を用いる。

③ DNA は(　　　　)によく溶ける。

④ トリプシンで分解できなかったタンパク質を湯煎することで変性させてDNAから外れるようにする。

⑤ DNA は(　　　　　　)には溶けないので、エタノールに溶けなくなったDNAがガラス棒に絡みついてくる。

究極パネル 16　DNA の抽出

（1）DNA は食塩水にはよく溶けるが、エタノールには溶けないという性質を利用する。

手順1	試料にトリプシン、中性洗剤、食塩水を加えてよくすりつぶす。
手順2	100℃で湯煎する。
手順3	ガーゼでこして冷やし、そこへ冷やしたエタノールを加える。
手順4	ガラス棒でかき混ぜ、DNA を絡みつかせる。

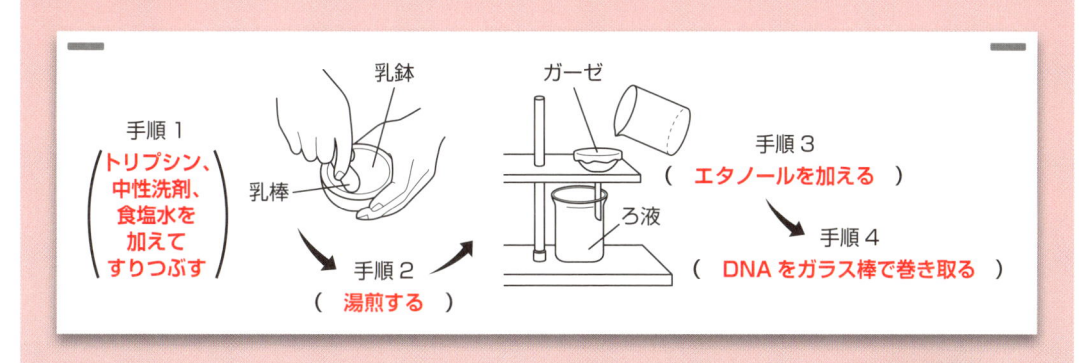

手順1　（トリプシン、中性洗剤、食塩水を加えてすりつぶす）
手順2　（湯煎する）
手順3　（エタノールを加える）
手順4　（DNA をガラス棒で巻き取る）

究極のポイント

① DNA はタンパク質と結合しているので、（ **トリプシン** ）によってタンパク質を分解する。

② 細胞膜や核膜を分解するため中性洗剤を用いる。

③ DNA は（ **食塩水** ）によく溶ける。

④ トリプシンで分解できなかったタンパク質を湯煎することで変性させて DNA から外れるようにする。

⑤ DNA は（ **エタノール** ）には溶けないので、エタノールに溶けなくなった DNA がガラス棒に絡みついてくる。

究極パネル 17　DNA に関する計算

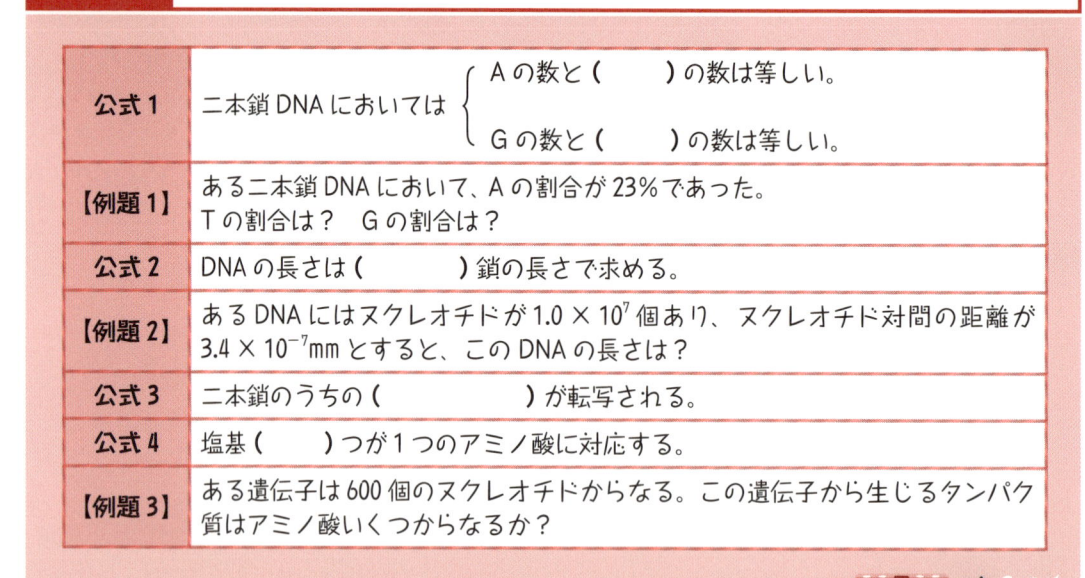

公式1	二本鎖 DNA においては　Aの数と（　　　）の数は等しい。 Gの数と（　　　）の数は等しい。
【例題1】	ある二本鎖 DNA において、A の割合が 23% であった。 T の割合は？　G の割合は？
公式2	DNA の長さは（　　　）鎖の長さで求める。
【例題2】	ある DNA にはヌクレオチドが 1.0×10^7 個あり、ヌクレオチド対間の距離が 3.4×10^{-7} mm とすると、この DNA の長さは？
公式3	二本鎖のうちの（　　　）が転写される。
公式4	塩基（　　）つが1つのアミノ酸に対応する。
【例題3】	ある遺伝子は 600 個のヌクレオチドからなる。この遺伝子から生じるタンパク質はアミノ酸いくつからなるか？

究極のポイント

【例題1】 A = T なので、A が 23% であれば T も（　　　）である。
A + T = 23 + 23 =（　　　）なので、100 − 46 =
（　　　）が G と C の合計。G = C なので、G の割合は
54 ÷ 2 =（　　　）。

【例題2】 二本鎖で 1.0×10^7 個なので、一本鎖には $1.0 \times 10^7 \times$（　　　）個。ヌクレオチド対間の距離が 3.4×10^{-7} mm なので、$1.0 \times 10^7 \times \frac{1}{2} \times 3.4 \times 10^{-7}$ mm =（　　　）。

【例題3】 二本鎖の片方の鎖の塩基配列が転写されるので、生じる mRNA には $600 \times$（　　　）個のヌクレオチドが含まれている。この3つの塩基で1つのアミノ酸に対応するので、$600 \times \frac{1}{2}$ 個 ×（　　　）=（　　　）。

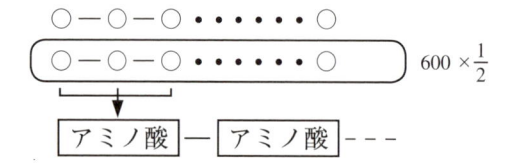

究極パネル 17　DNA に関する計算

公式1	二本鎖DNAにおいては	Aの数と（ **T** ）の数は等しい。 Gの数と（ **C** ）の数は等しい。
【例題1】	ある二本鎖DNAにおいて、Aの割合が23%であった。 Tの割合は？　Gの割合は？	
公式2	DNAの長さは（ **一本** ）鎖の長さで求める。	
【例題2】	あるDNAにはヌクレオチドが 1.0×10^7 個あり、ヌクレオチド対間の距離が 3.4×10^{-7} mm とすると、このDNAの長さは？	
公式3	二本鎖のうちの（ **一方のみ** ）が転写される。	
公式4	塩基（ **3** ）つが1つのアミノ酸に対応する。	
【例題3】	ある遺伝子は600個のヌクレオチドからなる。この遺伝子から生じるタンパク質はアミノ酸いくつからなるか？	

究極のポイント

【例題1】 A = T なので、Aが23%であればTも（ **23%** ）である。A + T = 23 + 23 = （ **46 %** ）なので、100 − 46 = （ **54%** ）がGとCの合計。G = C なので、Gの割合は 54 ÷ 2 = （ **27%** ）。

【例題2】 二本鎖で 1.0×10^7 個なので、一本鎖には $1.0 \times 10^7 \times$ （ $\frac{1}{2}$ ）個。ヌクレオチド対間の距離が 3.4×10^{-7} mm なので、$1.0 \times 10^7 \times \frac{1}{2} \times 3.4 \times 10^{-7}$ mm = （ **1.7mm** ）。

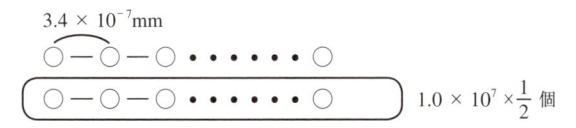

【例題3】 二本鎖の片方の鎖の塩基配列が転写されるので、生じるmRNAには $600 \times$ （ $\frac{1}{2}$ ）個のヌクレオチドが含まれている。この3つの塩基で1つのアミノ酸に対応するので、$600 \times \frac{1}{2}$ 個 × （ $\frac{1}{3}$ ） = （ **100個** ）。

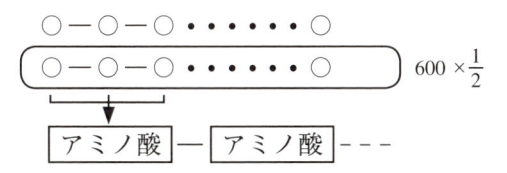

究極パネル 18 細胞分裂

(1) 細胞周期＝間期（　　　　　　　　　）＋分裂期（M 期）

(2) 間期の中で、DNA を複製しているのは（　　　）期。

(3) 分裂期は前期、中期、後期、終期の 4 段階に分けられる。

間期　前期　中期　後期　終期

(4) 細胞分裂に伴う DNA 量の変化

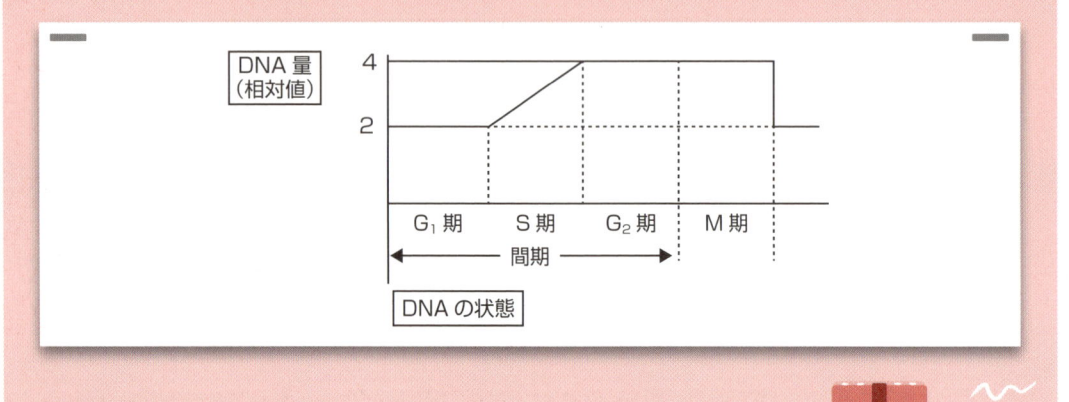

DNA 量（相対値）／G_1 期　S 期　G_2 期　M 期／間期／DNA の状態

究極のポイント

① 分裂が完了してから次の分裂が完了するまでを（　　　　　）という。

② 間期は G_1 期、S 期、G_2 期の 3 段階からなり、（　　　　）で（　　　　　　）されて 2 倍になる。

③ 分裂期（M 期）は前期、中期、後期、終期の 4 段階からなる。

前期	間期では見えなかった染色体が見えてくる。
中期	染色体が赤道面に並ぶ。
後期	染色体が分離する。
終期	細胞質が分裂する。

究極パネル 18　細胞分裂

(1) 細胞周期＝間期（ **G_1期＋S期＋G_2期** ）＋分裂期（M期）

(2) 間期の中で、DNAを複製しているのは（ **S** ）期。

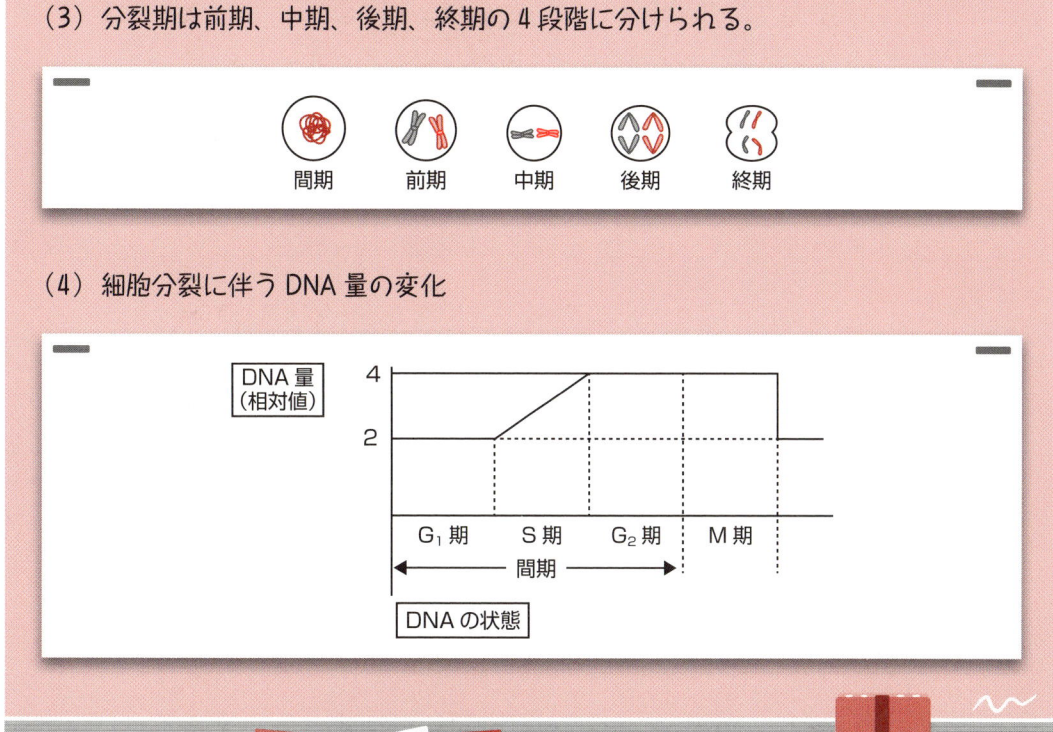

(3) 分裂期は前期、中期、後期、終期の4段階に分けられる。

間期　前期　中期　後期　終期

(4) 細胞分裂に伴うDNA量の変化

DNA量（相対値）／G_1期　S期　G_2期　M期／間期／DNAの状態

究極のポイント

① 分裂が完了してから次の分裂が完了するまでを（ **細胞周期** ）という。

② 間期はG_1期、S期、G_2期の3段階からなり、（ **S期** ）で（ **DNAが複製** ）されて2倍になる。

③ 分裂期（M期）は前期、中期、後期、終期の4段階からなる。

前期	間期では見えなかった染色体が見えてくる。
中期	染色体が赤道面に並ぶ。
後期	染色体が分離する。
終期	細胞質が分裂する。

究極パネル 19 細胞分裂の観察と計算

細胞分裂の観察の手順（例：タマネギの根端）

手順1	（　　　　）液（酢酸など）に浸す。
手順2	（　　　　）に浸す。
手順3	スライドガラスにおいて、（　　　　　　　）液を1滴落とす。
手順4	カバーガラスをかけて上から押しつぶす。

各時期に要する時間を求める計算

手順1	細胞を培養し、細胞数が（　　）倍になるのに要する時間を求める。⇒これが（　　　　　）の長さ。
手順2	「細胞分裂の観察の手順」の方法で細胞を観察し、分裂期の細胞と間期の細胞の数を数える。
手順3	細胞周期の長さ×各時期の細胞の数の割合＝各時期に要する時間
【例題4】	増殖している細胞集団の細胞数を調べると10時間で細胞数が2倍になった。100個の細胞について調べると間期の細胞が80個であった。分裂期に要する時間は何時間か？

究極のポイント

① （　　　　）のような（　　　　　）に浸し、細胞分裂を停止させる。

② （　　　　）に浸して、細胞壁どうしの接着を緩めておく（このような操作を（　　　　）という）。
　⇒押しつぶしたときに重なっていた細胞が一層に広がるようにするため。

③ （　　　　　　　　）を滴下して、染色体を染める。

④ カバーガラスをかけて押しつぶすと、細胞が一層に広がり、観察できるようになる。

【例題4】 10時間で細胞数が2倍になったので、細胞周期の長さは（　　　）時間とわかる。
100個中、間期の細胞が80個なので、分裂期の細胞は（　　　）個。
よって分裂期に要する時間 ＝ 10時間×$\frac{20}{100}$ ＝ （　　　）時間。

究極パネル 19　細胞分裂の観察と計算

細胞分裂の観察の手順（例：タマネギの根端）

手順1	（ 固定 ）液（酢酸など）に浸す。
手順2	（ 塩酸 ）に浸す。
手順3	スライドガラスにおいて、（ 酢酸オルセイン ）液を1滴落とす。
手順4	カバーガラスをかけて上から押しつぶす。

各時期に要する時間を求める計算

手順1	細胞を培養し、細胞数が（ 2 ）倍になるのに要する時間を求める。⇒これが（ 細胞周期 ）の長さ。
手順2	「細胞分裂の観察の手順」の方法で細胞を観察し、分裂期の細胞と間期の細胞の数を数える。
手順3	細胞周期の長さ×各時期の細胞の数の割合＝各時期に要する時間
【例題4】	増殖している細胞集団の細胞数を調べると10時間で細胞数が2倍になった。100個の細胞について調べると間期の細胞が80個であった。分裂期に要する時間は何時間か？

究極のポイント

① （ 酢酸 ）のような（ 固定液 ）に浸し、細胞分裂を停止させる。

② （ 塩酸 ）に浸して、細胞壁どうしの接着を緩めておく（このような操作を（ 解離 ）という）。
　⇒押しつぶしたときに重なっていた細胞が一層に広がるようにするため。

③ （ 酢酸オルセイン液 ）を滴下して、染色体を染める。

④ カバーガラスをかけて押しつぶすと、細胞が一層に広がり、観察できるようになる。

【例題4】10時間で細胞数が2倍になったので、細胞周期の長さは（ 10 ）時間とわかる。
　　　　100個中、間期の細胞が80個なので、分裂期の細胞は（ 20 ）個。
　　　　よって分裂期に要する時間 = 10時間 × $\dfrac{20}{100}$ = （ 2 ）時間。

究極パネル 20 ゲノム

① 生命維持に必要な遺伝情報の1組を（　　　　　）という。
真核生物の体細胞にはゲノムが（　　）組含まれている。

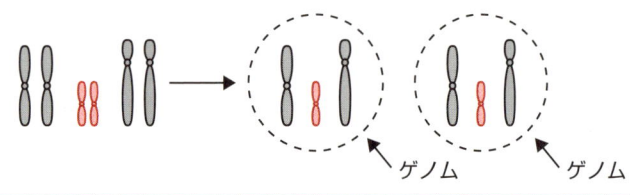

← ゲノム　　← ゲノム

② ゲノムに含まれる遺伝子の数　（例）ヒトでは約 20,500 個

③ ゲノムの中には転写されない領域（非遺伝子領域）も多く、遺伝子はDNA上にとびとびに存在する。

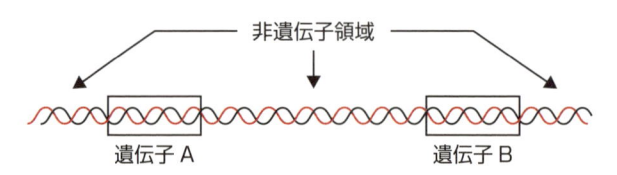

非遺伝子領域
遺伝子A　　遺伝子B

④ 細胞によって、働く遺伝子が異なり、それにより特定の形や働きをもつ細胞に変化する。　　→ これを分化という。

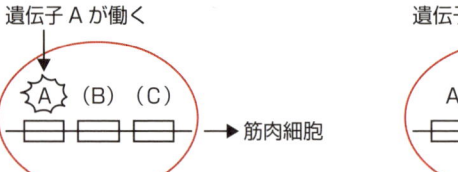

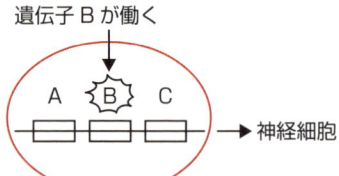

遺伝子Aが働く　　　　　　　　遺伝子Bが働く
A (B) (C) → 筋肉細胞　　　　A B C → 神経細胞

究極のポイント

① 真核生物の体細胞には同形同大の対になった染色体が2本ずつ含まれている。この対になった染色体を（　　　　　）という。

② 各相同染色体1本ずつを集めた集団に含まれる遺伝情報が（　　　　　）である。

③ ヒトのゲノムは約（　　　　　）からなるが、実際に遺伝子として機能している部分は約（　　　　　）程度である。ヒトは約（　　　　　）個の遺伝子をもつ。

究極パネル 20 ゲノム

① 生命維持に必要な遺伝情報の1組を（ **ゲノム** ）という。
真核生物の体細胞にはゲノムが（ **2** ）組含まれている。

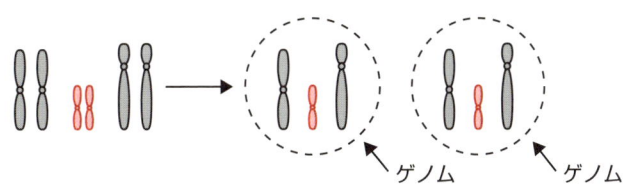

② ゲノムに含まれる遺伝子の数　（例）ヒトでは約 20,500 個

③ ゲノムの中には転写されない領域（非遺伝子領域）も多く、遺伝子はDNA上にとびとびに存在する。

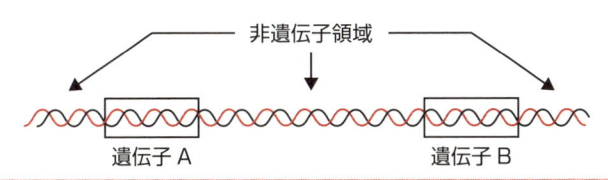

④ 細胞によって、働く遺伝子が異なり、それにより特定の形や働きをもつ細胞に変化する。→ これを分化という。

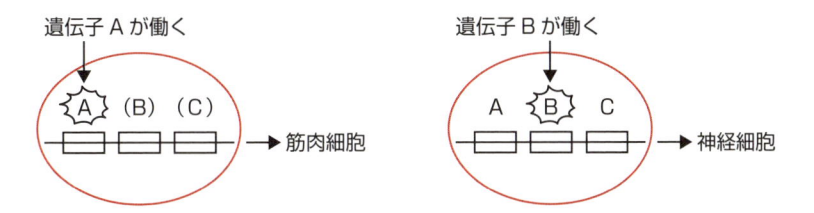

究極のポイント

① 真核生物の体細胞には同形同大の対になった染色体が2本ずつ含まれている。この対になった染色体を（ **相同染色体** ）という。

② 各相同染色体1本ずつを集めた集団に含まれる遺伝情報が（ **ゲノム** ）である。

③ ヒトのゲノムは約（ **30億塩基対** ）からなるが、実際に遺伝子として機能している部分は約（ **1.5%** ）程度である。ヒトは約（ **20,500** ）個の遺伝子をもつ。

第2章 究極のポイント 確認問題

☑ 1 肺炎双球菌を用いた実験について正しい文を1つ選べ。

① R型菌の死菌をネズミに注射するとネズミは発病し、体内からはS型菌が検出される。
② S型菌の死菌とR型菌の生菌を混合し、ネズミに注射すると、体内からは多数のR型菌と少数のS型菌が検出される。
③ R型菌と、S型菌の抽出液をタンパク質分解酵素で処理したものを混合し、寒天培地にまくと、多数のR型菌と少数のS型菌が増殖する。
④ R型菌と、S型菌の抽出液をDNA分解酵素で処理したものを混合し、寒天培地にまくと、少数のR型菌と多数のS型菌が増殖する。

☑ 2 ファージおよびファージを用いた実験について正しい文を1つ選べ。

① ファージのようなウイルスは、核をもたないので原核生物の一種である。
② ファージが大腸菌に感染すると、タンパク質を大腸菌に注入する。
③ ファージのDNAにXの印、タンパク質にYの印を付け、大腸菌に感染させ激しく撹拌し、その後遠心分離にかけると、主にYの印が上澄みから検出される。
④ ファージのDNAにXの印、タンパク質にYの印を付け、大腸菌に感染させた。やがて新しい子ファージが生じたが、生じた子ファージにはXとYの両方の印が検出される。

☑ 3 核酸の構造について正しい文を1つ選べ。

① RNAを構成するヌクレオチドがもつ糖はATPに含まれる糖と同じである。
② DNAを構成する塩基は5種類ある。
③ RNAのヌクレオチドの塩基にはアデニンの代わりにウラシルが含まれている。
④ 塩基と次の塩基が結合してヌクレオチド鎖が生じる。

☑ 4 次の文の( )に適語を選べ。

(ア)の一方の鎖を鋳型にして(イ)を合成することを(ウ)という。生じた(イ)の遺伝情報を基に、タンパク質を合成することを(エ)という。すべての生物はこのように遺伝情報が一方向に伝えられ、これを(オ)という。

① アミノ酸 ② RNA ③ DNA ④ 同化 ⑤ 異化
⑥ 転写 ⑦ 翻訳 ⑧ ホメオスタシス ⑨ セントラルドグマ

☑ 5 DNAの抽出法として正しい順に並べよ。

ア エタノールを加える イ 食塩水を加える ウ 100℃で湯煎する

第2章 究極のポイント　確認問題　解答と解説

1 解答：③　　　　　　　　　　　　　　　　　　　　　➡究極パネル11

① R型菌はもともと病原性がないので注射しても発病しません。
② S型のDNAによってR型菌がS型菌に形質転換し、これが増殖するのでネズミの体内からS型菌が検出されます。しかし、形質転換しなかったR型菌は白血球によって処理されるので、ネズミの体内では増殖できません。
③ S型菌の抽出液をタンパク質分解酵素で処理してもDNAは残っており、これによって一部のR型菌がS型菌に形質転換します。寒天培地では、形質転換しなかった多数のR型菌も増殖できます。
④ DNA分解酵素で処理するとDNAが分解されるので、形質転換は起こりません。

2 解答：③　　　　　　　　　　　　　　　　　　　　　➡究極パネル12

① ウイルスは生物ではないので、原核生物の一種でもありません。
② ファージは大腸菌に感染するとDNAを大腸菌に注入します。
③ 激しく撹拌すると大腸菌表面に付着していたタンパク質の殻が大腸菌から外れます。遠心分離にかけると大腸菌は沈殿し、タンパク質の殻は上澄みに分けられます。
④ DNAだけを大腸菌に注入し、そのDNAを基にして子ファージが生じるので、子ファージの中にXの印は検出されますがYの印は検出されません。

3 解答：①　　　　　　　　　　　　　　　➡究極パネル13　➡究極パネル14

① RNAを構成するヌクレオチドは塩基（A、U、G、C）とリボースとリン酸からなります。ATPはアデニン（A）とリボースとリン酸からなります。
② 核酸を構成する塩基にはATUGCの5種類ありますが、DNAはそのうちの4種類ATGCの塩基をもちます。
③ RNAのヌクレオチドはチミン（T）の代わりにウラシル（U）をもちます。
④ 糖と次のリン酸が結合してヌクレオチド鎖が生じます。2本のヌクレオチド鎖が結合するときは塩基どうしが結合します。

4 解答：アー③　イー②　ウー⑥　エー⑦　オー⑨　　　　　➡究極パネル15

$$\begin{bmatrix} DNA & \rightarrow & RNA & \rightarrow & タンパク質 \\ & (転写) & & (翻訳) & \end{bmatrix}$$ この流れをセントラルドグマといいます。

5 解答：イ→ウ→ア　　　　　　　　　　　　　　　　　➡究極パネル16

DNAを食塩水で溶かして、エタノールで析出します。

第2章 究極のポイント 確認問題

☑6 ある二本鎖DNAの一方の鎖をX鎖、もう一方の鎖をY鎖とする。X鎖の中の20%がA（アデニン）、28%がT（チミン）、22%がG（グアニン）であった。次の問いに適切な答えを選べ。

(1) Y鎖の中のTの割合を求めよ。
(2) 二本鎖全体でのTの割合を求めよ。
(3) 二本鎖全体でのGの割合を求めよ。

① 20%　② 22%　③ 24%　④ 26%　⑤ 28%

☑7 あるDNAにはヌクレオチドがA個ある。ヌクレオチド間の距離をBmmとすると、このDNAの長さはどのような式で表されるか。

① $A \times B$　② $A \times \dfrac{B}{2}$　③ $\dfrac{A}{2} \times B$　④ $\dfrac{A}{B}$

☑8 ある遺伝子は900個のヌクレオチドからなる。この遺伝子から生じるタンパク質は何個のアミノ酸からなるか。

① 150個　② 200個　③ 250個　④ 300個　⑤ 600個

☑9 細胞分裂について、正しい文を1つ選べ。

① 間期はDNAを複製する時期と複製する前の時期の2つの時期からなる。
② 分裂期が始まってから分裂期が終了するまでを細胞周期という。
③ DNAを複製する時期をS期という。
④ 分裂期の前期では染色体が赤道面に並び、終期で染色体が分離する。

☑10 増殖している細胞集団の細胞数を調べると20時間で2倍になった。100個の細胞について調べると10個が分裂期であった。間期に要する時間を求めよ。

① 1時間　② 2時間　③ 10時間　④ 12時間　⑤ 18時間

☑11 細胞分裂の観察およびゲノムについて正しい文を1つ選べ。

① 細胞分裂を観察するには、まず塩酸で固定し、次に酢酸で解離する。
② 体細胞にはゲノムが1セット含まれている。
③ ヒトのゲノムには約20万個の遺伝子があるといわれる。
④ ヒトのゲノムは約30億塩基対からなるが、実際に遺伝子として機能している分は約1.5％程度である。

第2章 究極のポイント　確認問題　解答と解説

6 解答：(1)―①　(2)―③　(3)―④　　➡究極パネル17

(1) X鎖のAの向かいにY鎖のTがあるので、X鎖のAが20%ならY鎖のTも20%です。

(2) X鎖のTが28%、Y鎖のTが20%なので、二本鎖全体では28 + 20 = 48。このままでは全体が200%になってしまうので、48 ÷ 2 = 24%となります。

(3) X鎖中のCは100 −（20 + 28 + 22）= 30%。よってY鎖中のGも30%。二本鎖全体でのGは（22 + 30）÷ 2 = 26%となります。

7 解答：③　　➡究極パネル17

➡究極パネル17 の公式2を忘れずに使うこと。二本鎖全体でA個のヌクレオチドがあるので、一本鎖には $\frac{A}{2}$ 個。ヌクレオチド間の距離がBなので、長さは $\frac{A}{2} \times B$ となります。

8 解答：①　　➡究極パネル17

➡究極パネル17 の公式3と公式4を使って解く。二本鎖で900個のヌクレオチドなので、一本鎖には450個。これを基に転写してRNAが生じます。生じたRNAの3つのヌクレオチドで1つのアミノ酸に対応するので、アミノ酸の数は $450 \times \frac{1}{3}$ = 150個。

9 解答：③　　➡究極パネル18

① 間期はG₁期、S期、G₂期の3つの時期からなります。
② 分裂が始まってから次の分裂が始まるまで、あるいは分裂が完了してから次の分裂が完了するまでが細胞周期です。
④ 染色体が赤道面に並ぶのは中期、染色体が分離するのは後期です。

10 解答：⑤　　➡究極パネル19

細胞周期の長さは20時間、分裂期の長さは20時間 × $\frac{10}{100}$ = 2時間となります。
よって、間期は20 − 2 = 18時間となります。

11 解答：④　　➡究極パネル19　➡究極パネル20

① 最初に酢酸で固定し、次に塩酸で解離します。
② 体細胞にはゲノムが2セットあります。
③ ヒトのゲノムには約2万個の遺伝子があります。

MEMO

第3章 体液

第3章では体液の種類や働き、そして免疫について学習します。この内容はセンター試験生物基礎では第2問として出題されます。多くの名称が登場する単元ですが、頑張って貪欲に覚えましょう！

■この章で登場する超重要用語ベスト26

第3章を学習した後で、次の用語を見て、学習した内容がすぐに思い出せるかどうかチェックしましょう！

- [ ] 1 組織液
- [ ] 2 ヘモグロビン
- [ ] 3 血液凝固
- [ ] 4 フィブリノーゲン
- [ ] 5 心房と心室
- [ ] 6 内皮細胞
- [ ] 7 動脈血と静脈血
- [ ] 8 肝門脈
- [ ] 9 角質層
- [ ] 10 ケラチン
- [ ] 11 好中球
- [ ] 12 リゾチーム
- [ ] 13 マクロファージ
- [ ] 14 樹状細胞
- [ ] 15 自然免疫
- [ ] 16 体液性免疫と細胞性免疫
- [ ] 17 抗原と抗体
- [ ] 18 ヘルパーT細胞
- [ ] 19 キラーT細胞
- [ ] 20 B細胞
- [ ] 21 免疫グロブリン
- [ ] 22 アレルギー
- [ ] 23 自己免疫疾患
- [ ] 24 日和見感染
- [ ] 25 予防接種
- [ ] 26 血清療法

究極パネル 21 体液の種類

体液の種類

血液	血管の中を流れる体液。血球と（　　　　　）からなる。
リンパ液	リンパ管の中を流れる体液。リンパ球とリンパしょうからなる。
（　　）液	毛細血管から染み出た（　　　　）成分。 大部分は再び（　　　　　）に、一部はリンパ管に吸収される。

血球の組成

	大きさ（μm）	数（個／mm³）	核の有無	働き
赤血球	（　　　　）	（　　　　　）	（　　）	（　　　　）
白血球	8～15μm	（　　　　　）	（　　）	生体防御
血小板	2～3μm	20万～40万	（　　）	（　　　　）

究極のポイント

① 体液は、（　　　　　　　　　　）の3種類に分けられる。
　血液は有形成分の（　　　　）と、液体成分の（　　　　　）からなる。

② 毛細血管の血管壁から染み出た血しょう成分を組織液という。
　組織液の大部分は再び毛細血管内に吸収されて血しょうに、一部はリンパ管内に吸収されてリンパしょうとなる。

③ 血球には（　　　　　　　　）がある。赤血球は細胞内に（　　　　　　）を含み、（　　　　　　）する役割を担う。白血球には（　　　　　　）や（　　　　　）、（　　　　　）、（　　　　　　）など多くの種類があり、いずれも（　　　　　）➡究極パネル26 に働く。血小板は（　　　　　　）➡究極パネル22 に働く。

④ 血球を大きい順に並べると（直径）……
　白血球（8～15μm）＞赤血球（7～8μm）＞血小板（2～3μm）

⑤ 血球の数が多い順に並べると（いずれも血液1mm³あたりの数）……
　赤血球（450万～500万個）＞血小板（20万～40万個）＞白血球（6,000～8,000個）

⑥ 白血球には核があるが、赤血球や血小板には核がない。

究極パネル 21　体液の種類

体液の種類

血液	血管の中を流れる体液。血球と（ 血しょう ）からなる。
リンパ液	リンパ管の中を流れる体液。リンパ球とリンパしょうからなる。
（ 組織 ）液	毛細血管から染み出た（ 血しょう ）成分。大部分は再び（ 毛細血管 ）に、一部はリンパ管に吸収される。

血球の組成

	大きさ（μm）	数（個／mm^3）	核の有無	働き
赤血球	（ 7～8μm ）	（ 450万～500万 ）	（ 無 ）	（ 酸素運搬 ）
白血球	8～15μm	（ 6,000～8,000 ）	（ 有 ）	生体防御
血小板	2～3μm	20万～40万	（ 無 ）	（ 血液凝固 ）

究極のポイント

① 体液は、（ 血液、リンパ液、組織液 ）の3種類に分けられる。
　血液は有形成分の（ 血球 ）と、液体成分の（ 血しょう ）からなる。

② 毛細血管の血管壁から染み出た血しょう成分を組織液という。
　組織液の大部分は再び毛細血管内に吸収されて血しょうに、一部はリンパ管内に吸収されてリンパしょうとなる。

③ 血球には（ 赤血球、白血球、血小板 ）がある。赤血球は細胞内に（ ヘモグロビン ）を含み、（ 酸素を運搬 ）する役割を担う。白血球には（ 好中球 ）や（ マクロファージ ）、（ 樹状細胞 ）、（ リンパ球 ）など多くの種類があり、いずれも（ 生体防御 ）➡究極パネル 26 に働く。血小板は（ 血液凝固 ）➡究極パネル 22 に働く。

④ 血球を大きい順に並べると（直径）……
　白血球（8～15μm）＞赤血球（7～8μm）＞血小板（2～3μm）

⑤ 血球の数が多い順に並べると（いずれも血液 $1mm^3$ あたりの数）……
　赤血球（450万～500万個）＞血小板（20万～40万個）＞白血球（6,000～8,000個）

⑥ 白血球には核があるが、赤血球や血小板には核がない。

究極パネル 22 血液凝固

血液凝固のしくみ

(　　　) ──放出──▶ 凝固因子

血しょう中の凝固因子

フィブリノーゲン ───▶ (　　　) ─┐
　　　　　　　　　　　　　　　　　├─▶ 血ぺい
　　　　　　　　　　　　　　血球 ─┘

血ぺいと血清

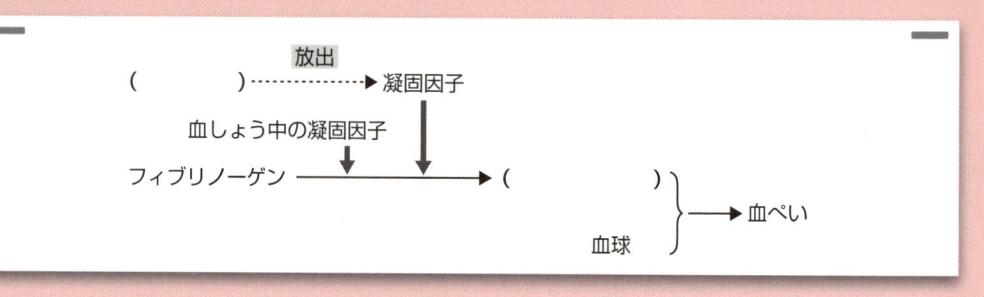

(　　　)
(　　　)

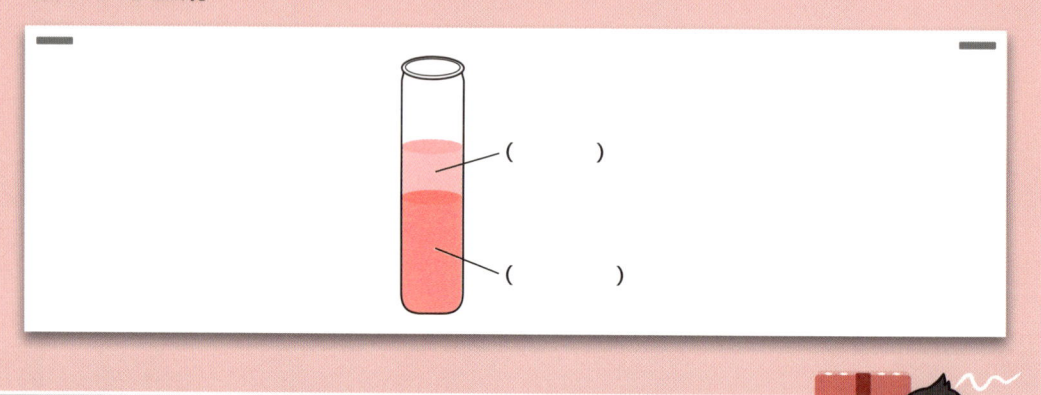

究極のポイント

① 出血するとまず(　　　)が傷口に集まる。

② 血小板から放出された凝固因子および血しょう中に含まれている凝固因子の働きで、血しょう中に含まれていた(　　　)が(　　　)に変化する。

③ 生じたフィブリンは繊維状のタンパク質で、これが血球と絡みついて、塊状の(　　　)となり、血液が(　　　)する。

④ 血液を試験管にとって放置しておくと、血液が凝固して血ぺいとなり沈殿し、沈殿と上澄みに分かれる。この上澄みを(　　　)という。

⑤ 血清は、血しょう成分からフィブリノーゲンを除いたものである。

究極パネル 22 血液凝固

血液凝固のしくみ

```
                    放出
      ( 血小板 ) ·······→ 凝固因子
                血しょう中の凝固因子
                        ↓      ↓
      フィブリノーゲン ──────→ ( フィブリン ) ┐
                                          ├→ 血ぺい
                                     血球  ┘
```

血ぺいと血清

（試験管の図：上部に（ 血清 ）、下部に（ 血ぺい ））

究極のポイント

① 出血するとまず（ 血小板 ）が傷口に集まる。

② 血小板から放出された凝固因子および血しょう中に含まれている凝固因子の働きで、血しょう中に含まれていた（ フィブリノーゲン ）が（ フィブリン ）に変化する。

③ 生じたフィブリンは繊維状のタンパク質で、これが血球と絡みついて、塊状の（ 血ぺい ）となり、血液が（ 凝固 ）する。

④ 血液を試験管にとって放置しておくと、血液が凝固して血ぺいとなり沈殿し、沈殿と上澄みに分かれる。この上澄みを（ 血清 ）という。

⑤ 血清は、血しょう成分からフィブリノーゲンを除いたものである。

究極パネル 23 心臓の構造と血管

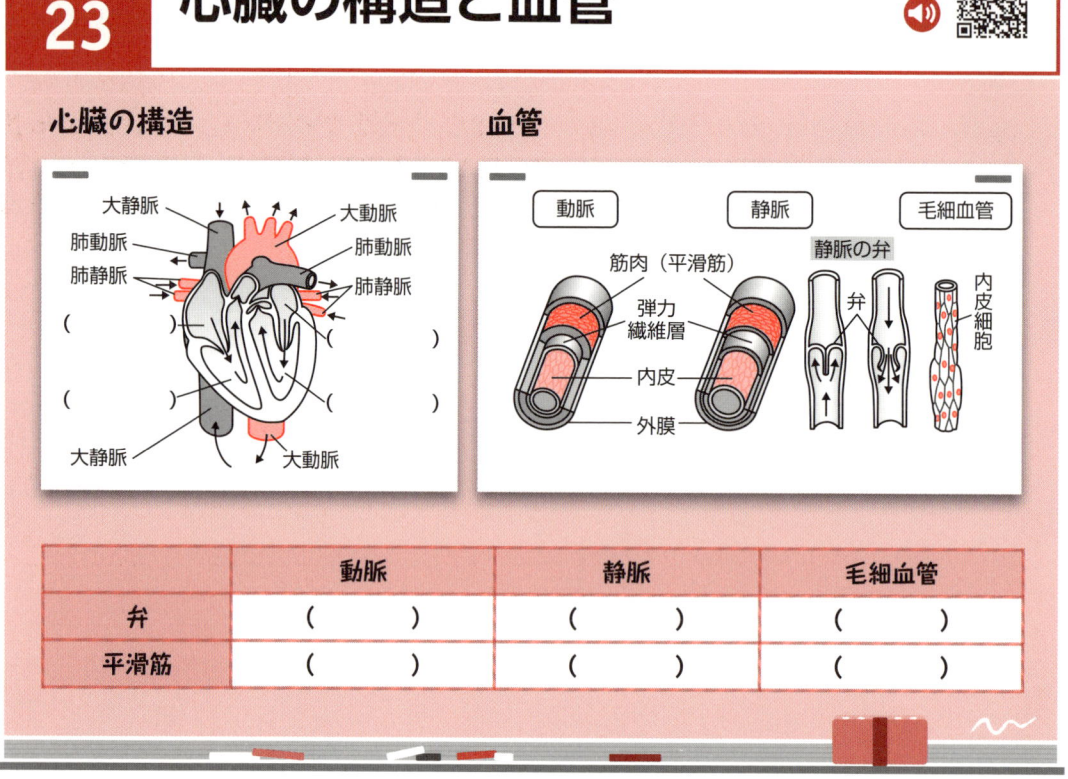

心臓の構造

大静脈、大動脈、肺動脈、肺動脈、肺静脈、肺静脈、（　）、（　）、大静脈、大動脈

血管

動脈　静脈　毛細血管

筋肉（平滑筋）、弾力繊維層、内皮、外膜、静脈の弁、弁、内皮細胞

	動脈	静脈	毛細血管
弁	(　)	(　)	(　)
平滑筋	(　)	(　)	(　)

究極のポイント

① 血液が帰ってくる部屋が(　　　)、血液を送り出す部屋が(　　　)。

② 右心室は肺動脈によって血液を肺へ送る。左心室は大動脈によって全身に血液を送る。左心室に最も圧力がかかるので、最も壁が厚い。

③ 右心房にはペースメーカーとなる洞房結節があり、これにより規則的に拍動することができる（自動性）。

④ 動脈や静脈は(　　　)があり、特に動脈は高い血圧に耐えるため筋肉が発達している。

⑤ 静脈には逆流を防ぐための(　　　)がある。

⑥ 毛細血管には平滑筋がなく、一層の(　　　)からなり、細胞間の隙間を通って物質が移動できる。

究極パネル 23 心臓の構造と血管

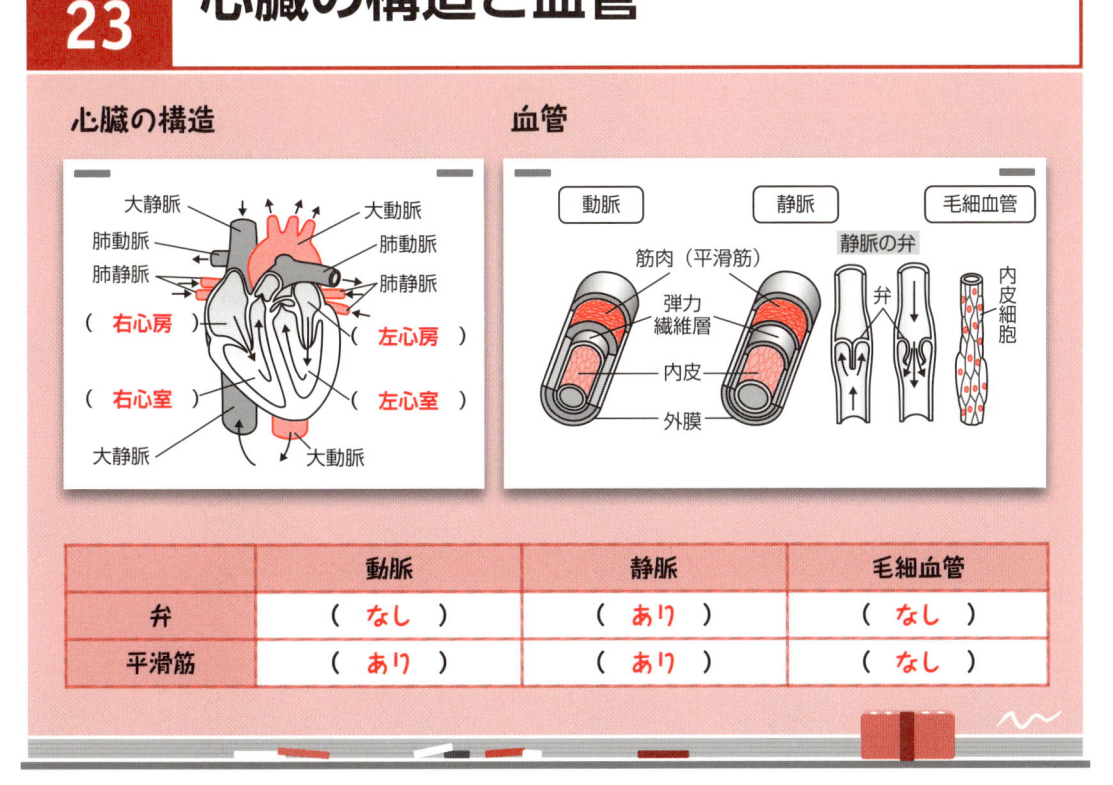

心臓の構造

大静脈／肺動脈／肺静脈／大動脈／肺動脈／肺静脈
(**右心房**) (**左心房**)
(**右心室**) (**左心室**)
大静脈／大動脈

血管

動脈 ／ 静脈 ／ 毛細血管

筋肉（平滑筋）／弾力繊維層／内皮／外膜／静脈の弁／弁／内皮細胞

	動脈	静脈	毛細血管
弁	(**なし**)	(**あり**)	(**なし**)
平滑筋	(**あり**)	(**あり**)	(**なし**)

究極のポイント

① 血液が帰ってくる部屋が (**心房**)、血液を送り出す部屋が (**心室**)。

② 右心室は肺動脈によって血液を肺へ送る。左心室は大動脈によって全身に血液を送る。左心室に最も圧力がかかるので、最も壁が厚い。

③ 右心房にはペースメーカーとなる洞房結節があり、これにより規則的に拍動することができる（自動性）。

④ 動脈や静脈は (**平滑筋**) があり、特に動脈は高い血圧に耐えるため筋肉が発達している。

⑤ 静脈には逆流を防ぐための (**弁**) がある。

⑥ 毛細血管には平滑筋がなく、一層の (**内皮細胞**) からなり、細胞間の隙間を通って物質が移動できる。

究極パネル 24 循環系

ヒトの循環系

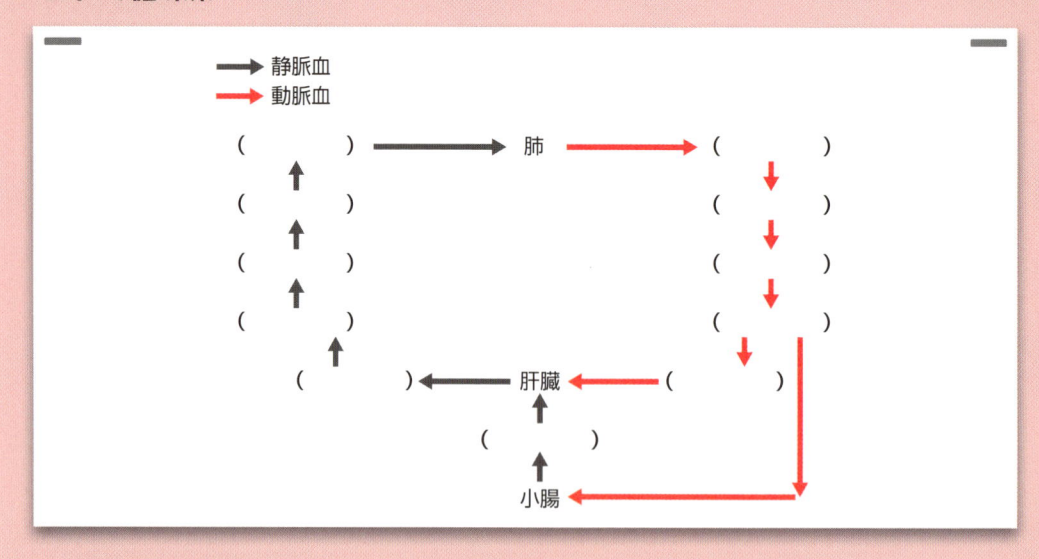

→ 静脈血
→ 動脈血

( ) → 肺 → ( )
( )　　　　　　　( )
( )　　　　　　　( )
( )　　　　　　　( )
( ) ← 肝臓 ← ( )
　　( )
　　　↑
　　　小腸

脊椎動物の心臓

2心房2心室	哺乳類、鳥類
2心房1心室	は虫類、両生類
1心房1心室	魚類

究極のポイント

① 酸素を多く含む血液が（　　　　　）、酸素の少ない血液が（　　　　）。

② 心臓から血液を送り出す血管を（　　　　）、心臓へ帰る血液が流れる血管が（　　　　）。

③ （　　　　　　　）が、（　　　　　　　）が流れる。

④ 小腸で吸収した栄養分は（　　　　）を通って（　　　　）に運ばれる。

究極パネル 24 循環系

ヒトの循環系

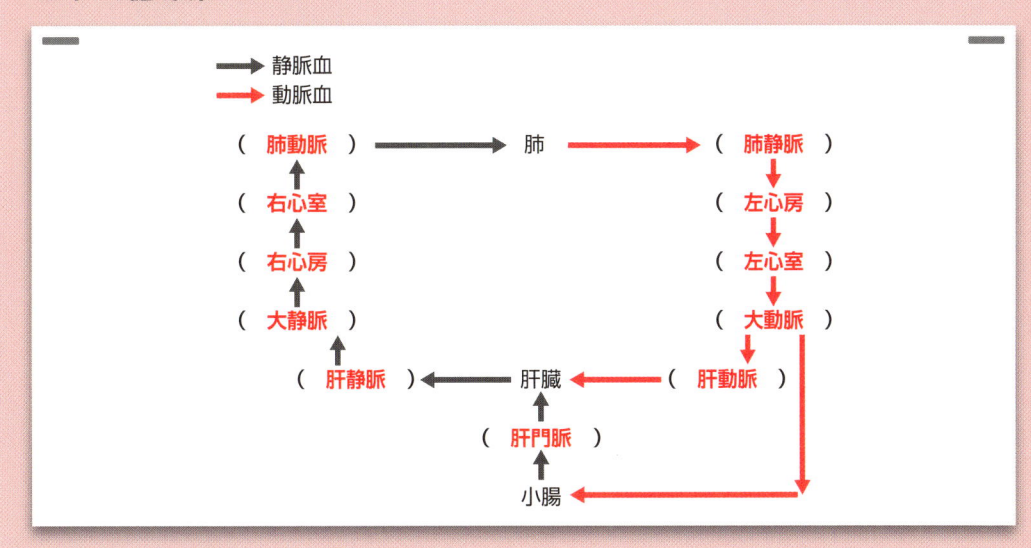

```
→ 静脈血
→ 動脈血
```

（ 肺動脈 ） → 肺 → （ 肺静脈 ）
　↑　　　　　　　　　　　　↓
（ 右心室 ）　　　　　　（ 左心房 ）
　↑　　　　　　　　　　　　↓
（ 右心房 ）　　　　　　（ 左心室 ）
　↑　　　　　　　　　　　　↓
（ 大静脈 ）　　　　　　（ 大動脈 ）
　↑　　　　　　　　　　　　↓
（ 肝静脈 ）← 肝臓 ←（ 肝動脈 ）
　　　　　　　↑
　　　　（ 肝門脈 ）
　　　　　　　↑
　　　　　　小腸

脊椎動物の心臓

2心房2心室	哺乳類、鳥類
2心房1心室	は虫類、両生類
1心房1心室	魚類

究極のポイント

① 酸素を多く含む血液が（ 動脈血 ）、酸素の少ない血液が（ 静脈血 ）。

② 心臓から血液を送り出す血管を（ 動脈 ）、心臓へ帰る血液が流れる血管が（ 静脈 ）。

③ （ 肺動脈には静脈血 ）が、（ 肺静脈には動脈血 ）が流れる。

④ 小腸で吸収した栄養分は（ 肝門脈 ）を通って（ 肝臓 ）に運ばれる。

究極パネル 25　酸素運搬

酸素運搬
(1) 酸素は（　　　）に含まれる（　　　　　　）と結合して運ばれる。
(2) ヘモグロビンは、二酸化炭素濃度が（　　　）とき酸素と結合しやすく、二酸化炭素濃度が（　　　）とき酸素を離しやすくなる。

酸素解離曲線

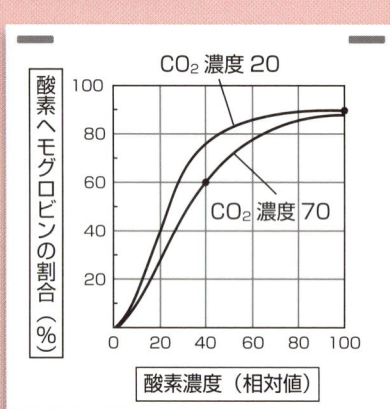

(a)	動脈血（酸素濃度が100、二酸化炭素濃度が20）のときの酸素ヘモグロビンの割合は（　　　）％。
(b)	静脈血（酸素濃度が40、二酸化炭素濃度が70）のときの酸素ヘモグロビンの割合は（　　　）％。
(c)	組織に渡された酸素は、動脈血での酸素ヘモグロビンの（　　　）％である。

究極のポイント

① (a) は、横軸の酸素濃度が100、二酸化炭素濃度が20のグラフの交点を読めばよい。　⇒（　　　）

② (b) は、横軸の酸素濃度が40、二酸化炭素濃度が70のグラフの交点を読めばよい。　⇒（　　　）

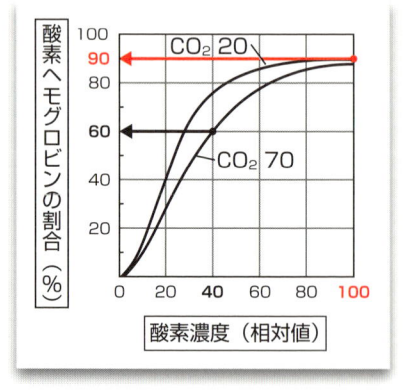

③ (c) 動脈血でヘモグロビンのうちの90％が酸素と結合しており、静脈血では60％のヘモグロビンがまだ酸素と結合したままなので、酸素を離したヘモグロビンは、90％－60％＝30％である。
しかし、問われているのは<u>動脈血での酸素ヘモグロビン（90％）のうちの何％なのか</u>なので、$\frac{(90-60)}{90} \times 100 = 33.3\%$ となる。

究極パネル 25　酸素運搬

酸素運搬

(1) 酸素は（ 赤血球 ）に含まれる（ ヘモグロビン ）と結合して運ばれる。

(2) ヘモグロビンは、二酸化炭素濃度が（ 低い ）とき酸素と結合しやすく、二酸化炭素濃度が（ 高い ）とき酸素を離しやすくなる。

酸素解離曲線

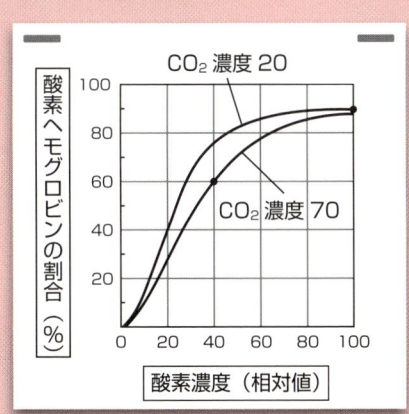

(a) 動脈血（酸素濃度が100、二酸化炭素濃度が20）のときの酸素ヘモグロビンの割合は（ 90 ）%。

(b) 静脈血（酸素濃度が40、二酸化炭素濃度が70）のときの酸素ヘモグロビンの割合は（ 60 ）%。

(c) 組織に渡された酸素は、動脈血での酸素ヘモグロビンの（ 33.3 ）%である。

究極のポイント

① (a)は、横軸の酸素濃度が100、二酸化炭素濃度が20のグラフの交点を読めばよい。　⇒（ 90% ）

② (b)は、横軸の酸素濃度が40、二酸化炭素濃度が70のグラフの交点を読めばよい。　⇒（ 60% ）

③ (c) 動脈血でヘモグロビンのうちの90%が酸素と結合しており、静脈血では60%のヘモグロビンがまだ酸素と結合したままなので、酸素を離したヘモグロビンは、90% − 60% = 30%である。
しかし、問われているのは動脈血での酸素ヘモグロビン（90%）のうちの何%なのかなので、$\frac{(90-60)}{90} \times 100 = 33.3\%$ となる。

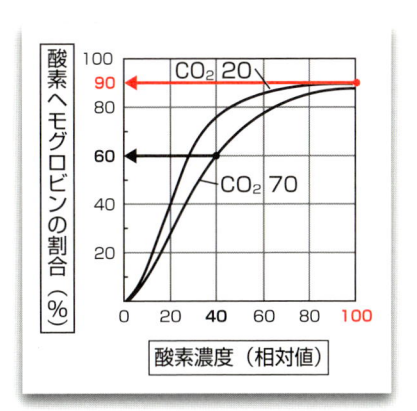

究極パネル 26 生体防御その1

第1段階：物理的・化学的防御
(1) 皮膚表面の（　　　　）での防御 ⇒（　　　　）を含む
(2) 消化管や気管内壁の粘液分泌や繊毛による防御
(3) 涙や汗に含まれる（　　　　　）による防御 ⇒ 細菌の（　　　　）を分解
(4) 胃での（　　　　）による防御

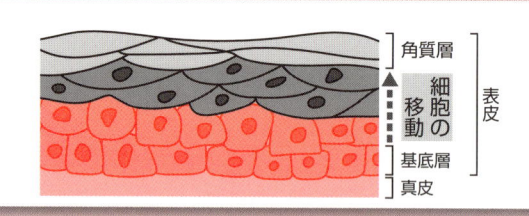

第2段階：自然免疫
(1) 異物が進入すると、警報物質（ヒスタミンなど）が分泌される。
(2) 警報物質により毛細血管の細胞間の結合が弱まり、（　　　　　）やマクロファージが血管外に移動して、異物を（　　　　）により処理する。
(3) 警報物質により血流量が増加し、局所的に赤く腫れる。⇒ 炎症作用

第3段階：獲得免疫
(1) （　　　　）免疫：抗体を産生
(2) （　　　　）免疫：抗体の産生は見られない

究極のポイント

① 皮膚の最内層にある（　　　　）で細胞分裂が行われ、生じた細胞が表面の方へ移動。

② 皮膚の表面には（　　　　）というタンパク質を含む（　　　　）があり、水分の出入りや病原体の侵入を防いでいる（角質層の細胞は（　　　　））。

③ 汗や涙に含まれる（　　　　　）酵素は、細菌の細胞壁を分解し、細菌の増殖を防ぐ。

④ 自然免疫では白血球の一種である（　　　　）や（　　　　　）、（　　　　）の食作用により、病原体が処理される。

⑤ 獲得免疫には抗体を産生して行われる（　　　　　）と抗体を産生せずに行われる（　　　　　）がある。

究極パネル 26 生体防御その1

第1段階：物理的・化学的防御
(1) 皮膚表面の（ 角質層 ）での防御 ⇒（ ケラチン ）を含む
(2) 消化管や気管内壁の粘液分泌や繊毛による防御
(3) 涙や汗に含まれる（ リゾチーム ）による防御 ⇒ 細菌の（ 細胞壁 ）を分解
(4) 胃での（ 胃酸（塩酸） ）による防御

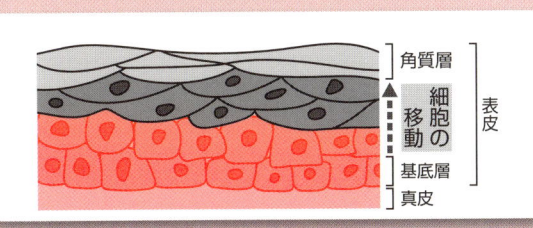

第2段階：自然免疫
(1) 異物が進入すると、警報物質（ヒスタミンなど）が分泌される。
(2) 警報物質により毛細血管の細胞間の結合が弱まり、（ 好中球 ）やマクロファージが血管外に移動して、異物を（ 食作用 ）により処理する。
(3) 警報物質により血流量が増加し、局所的に赤く腫れる。⇒ 炎症作用

第3段階：獲得免疫
(1) （ 体液性 ）免疫：抗体を産生
(2) （ 細胞性 ）免疫：抗体の産生は見られない

究極のポイント

① 皮膚の最内層にある（ 基底層 ）で細胞分裂が行われ、生じた細胞が表面の方へ移動。

② 皮膚の表面には（ ケラチン ）というタンパク質を含む（ 角質層 ）があり、水分の出入りや病原体の侵入を防いでいる（角質層の細胞は（ 死細胞 ））。

③ 汗や涙に含まれる（ リゾチーム ）酵素は、細菌の細胞壁を分解し、細菌の増殖を防ぐ。

④ 自然免疫では白血球の一種である（ 好中球 ）や（ マクロファージ ）、（ 樹状細胞 ）の食作用により、病原体が処理される。

⑤ 獲得免疫には抗体を産生して行われる（ 体液性免疫 ）と抗体を産生せずに行われる（ 細胞性免疫 ）がある。

究極パネル 27 生体防御その2

獲得免疫

体液性免疫	侵入した非自己成分（抗原）に対して（　　　）を産生し、抗体が抗原と反応して行われる免疫
	抗体は（　　　　　　　）というタンパク質
細胞性免疫	侵入した非自己成分（抗原）に対して<u>抗体を産生せず</u>、キラーT細胞が直接抗原と反応して行われる免疫
	（例）皮膚や臓器の移植に伴う拒絶反応、結核菌に対する反応、ツベルクリン反応、ウイルスに感染した細胞に対する反応

究極のポイント

① 体液性免疫のしくみ

- マクロファージや樹状細胞が（　　　　　　）に（　　　　）する。
- ヘルパーT細胞が（　　　　　）を刺激する。
- B細胞は増殖し、（　　　　　　）に分化する。
- 抗体産生細胞が産生した抗体が体液中に分泌される。
- 抗体が抗原と（　　　　　）し、生じた複合体をマクロファージが処理する。

② 細胞性免疫のしくみ

- マクロファージや樹状細胞が（　　　　　　）に（　　　　）する。
- ヘルパーT細胞が（　　　　　）を刺激する。
- キラーT細胞は増殖し、活性化する。
- 活性化したキラーT細胞が直接ウイルス感染細胞などを不活性化する。

究極パネル 27　生体防御その 2

獲得免疫

体液性免疫	侵入した非自己成分（抗原）に対して（ **抗体** ）を産生し、抗体が抗原と反応して行われる免疫
	抗体は（ **免疫グロブリン** ）というタンパク質
細胞性免疫	侵入した非自己成分（抗原）に対して<u>抗体を産生せず</u>、キラーT細胞が直接抗原と反応して行われる免疫
	（例）皮膚や臓器の移植に伴う拒絶反応、結核菌に対する反応、ツベルクリン反応、ウイルスに感染した細胞に対する反応

究極のポイント

① 体液性免疫のしくみ

- マクロファージや樹状細胞が（ **ヘルパーT細胞** ）に（ **抗原提示** ）する。
- ヘルパーT細胞が（ **B細胞** ）を刺激する。
- B細胞は増殖し、（ **抗体産生細胞** ）に分化する。
- 抗体産生細胞が産生した抗体が体液中に分泌される。
- 抗体が抗原と（ **抗原抗体反応** ）し、生じた複合体をマクロファージが処理する。

② 細胞性免疫のしくみ

- マクロファージや樹状細胞が（ **ヘルパーT細胞** ）に（ **抗原提示** ）する。
- ヘルパーT細胞が（ **キラーT細胞** ）を刺激する。
- キラーT細胞は増殖し、活性化する。
- 活性化したキラーT細胞が直接ウイルス感染細胞などを不活性化する。

究極パネル 28　生体防御その３

自然免疫と獲得免疫の比較

	自然免疫	獲得免疫	
		体液性免疫	細胞性免疫
特異性	低い	高い	
免疫記憶	(　　　　　)	(　　　　　)	
関与する細胞	マクロファージ 樹状細胞 (　　　　　)	マクロファージ 樹状細胞 ヘルパーT細胞	
		(　　　　　)	(　　　　　)

免疫と疾患

(1) (　　　　　)	免疫反応が過敏に起こることで生じる、生体に不都合な反応
(2) (　　　　　)	免疫系が自己の細胞や成分を攻撃してしまう疾患 （例）関節リウマチ、I型糖尿病、重症筋無力症
(3) エイズ	HIV（ヒト免疫不全ウイルス）により獲得免疫が低下し、 (　　　　　) 感染やがんを発症しやすくなる病気

(4) 免疫現象を利用した医療

	接種するもの	目的
予防接種	無毒化した (　　　　　)	(　　　　　)
血清療法	他の動物に作らせた (　　　　　)	(　　　　　)

究極のポイント

① 細胞性免疫でも体液性免疫でも獲得免疫では (　　　　　) が形成されるので、1回目よりも2回目の方が素早く大きな反応が起こり、発病を防ぐことができる。

② アレルギーを引き起こす抗原を特に (　　　　　) という。

③ 予防接種では無毒化あるいは弱毒化した抗原（これを (　　　　　) という）を接種して免疫記憶を形成させ、病気を予防する。

④ 血清療法は、あらかじめ他の動物に作らせておいた (　　　　　) を注射し、治療を行う。

究極パネル 28　生体防御その3

自然免疫と獲得免疫の比較

	自然免疫	獲得免疫	
		体液性免疫	細胞性免疫
特異性	低い	高い	
免疫記憶	（ 形成されない ）	（ 形成される ）	
関与する細胞	マクロファージ 樹状細胞 （ 好中球 ）	マクロファージ 樹状細胞 ヘルパーT細胞	
		（ B細胞 ）	（ キラーT細胞 ）

免疫と疾患

(1)	（ アレルギー ）	免疫反応が過敏に起こることで生じる、生体に不都合な反応
(2)	（ 自己免疫疾患 ）	免疫系が自己の細胞や成分を攻撃してしまう疾患 （例）関節リウマチ、I型糖尿病、重症筋無力症
(3)	エイズ	HIV（ヒト免疫不全ウイルス）により獲得免疫が低下し、 （ 日和見 ）感染やがんを発症しやすくなる病気

(4) 免疫現象を利用した医療

	接種するもの	目的
予防接種	無毒化した（ 抗原 ）	（ 予防 ）
血清療法	他の動物に作らせた（ 抗体 ）	（ 治療 ）

究極のポイント

① 細胞性免疫でも体液性免疫でも獲得免疫では（ 免疫記憶 ）が形成されるので、1回目よりも2回目の方が素早く大きな反応が起こり、発病を防ぐことができる。

② アレルギーを引き起こす抗原を特に（ アレルゲン ）という。

③ 予防接種では無毒化あるいは弱毒化した抗原（これを（ ワクチン ）という）を接種して免疫記憶を形成させ、病気を予防する。

④ 血清療法は、あらかじめ他の動物に作らせておいた（ 抗体を含む血清 ）を注射し、治療を行う。

第3章 究極のポイント 確認問題

☑ 1 体液に関して正しいものを1つ選べ。
① 血球の中で最も数が多いのは赤血球、最も数が少ないのは血小板である。
② 哺乳類の赤血球には核がないが、白血球や血小板には核がある。
③ 毛細血管からにじみ出た血球を組織液という。
④ 組織液の大部分はそのまま体外に排出される。
⑤ リンパ球も白血球の一種である。

☑ 2 血液凝固に関して誤っているものを1つ選べ。
① 出血すると、まず血小板が傷口に集まってくる。
② 血小板から凝固因子が放出される。
③ 凝固因子によってフィブリンが生じる。
④ 血液が凝固すると血ぺいと血しょうに分かれる。

☑ 3 心臓の構造と血管に関して正しいものを1つ選べ。
① 大静脈から帰ってきた血液は左心房に入る。
② 最も大きな圧力がかかるのは左心室である。
③ ヒトの心臓には左心房にペースメーカーとなる洞房結節がある。
④ 動脈には弁があるが静脈には弁がない。
⑤ 毛細血管は内皮細胞と平滑筋とからできている。

☑ 4 循環系に関して正しいものを1つ選べ。
① 大動脈や肺動脈には酸素の多い動脈血が流れる。
② 右心室から左心房までの血液の流れが肺循環になる。
③ 小腸で吸収した栄養分は肝動脈を通って肝臓に入る。
④ 肝臓からは肝門脈を通って静脈血が心臓に帰る。
⑤ 哺乳類の心臓は2心房2心室だが、鳥類では2心房1心室である。

第3章 究極のポイント　確認問題　解答と解説

1 解答：⑤　　➡究極パネル21

① 血球の中で最も数が多いのは赤血球、最も数が少ないのは白血球です。
② 哺乳類の赤血球には核がありませんが、血小板にも核がありません。血球の中で核をもっているのは白血球だけです。
③ 毛細血管からにじみ出るのは血球ではなく血しょうです。
④ 組織液の大部分は再び毛細血管に吸収されます。一部はリンパ管にも吸収されます。
⑤ リンパ球も白血球の一種です。白血球には、好中球、マクロファージ、樹状細胞、リンパ球などの種類があります。

2 解答：④　　➡究極パネル22

④ 凝固因子の働きでフィブリンが生じ、このフィブリンが血球と絡みついて血ぺいとなります。血ぺいにならなかった残りは血しょうではなく血清です。血しょうからフィブリノーゲンを除いた残りが血清となります。

3 解答：②　　➡究極パネル23

① 大静脈から帰ってきた血液は右心房に入ります。
② 左心室は全身に血液を送り出す部屋なので、最も壁も厚く、最も大きな圧力がかかります。
③ ペースメーカーである洞房結節があるのは左心房ではなく右心房です。
④ 動脈には弁がありません。静脈に弁があります。
⑤ 毛細血管は一層の内皮細胞からなるので、平滑筋はありません。動脈や静脈には平滑筋があります。

4 解答：②　　➡究極パネル24

① 大動脈には動脈血が流れますが、肺動脈には静脈血が流れます。また、大静脈には静脈血が流れますが、肺静脈には動脈血が流れます。
② 右心室 → 肺動脈 → 肺 → 肺静脈 → 左心房の経路を肺循環といいます。左心室 → 大動脈 → 全身 → 大静脈 → 右心房の経路は体循環といいます。
③ 小腸で吸収した栄養分は肝動脈ではなく肝門脈を通って肝臓に入ります。
④ 肝臓から心臓に帰る血管は肝静脈です。
⑤ 哺乳類の心臓も鳥類の心臓も2心房2心室です。は虫類、両生類は2心房1心室、魚類は1心房1心室です。

第3章 究極のポイント 確認問題

5 次のグラフを見て答えよ。

> 動脈血の酸素濃度が100、CO_2濃度が20、静脈血の酸素濃度が40、CO_2濃度が70

1gのヘモグロビンが最大1.5mLの酸素と結合できるとすると、血液100mLに含まれるヘモグロビンによって何mLの酸素が組織に供給されるか。ただし、血液100mL中にはヘモグロビンが12g含まれるものとする。

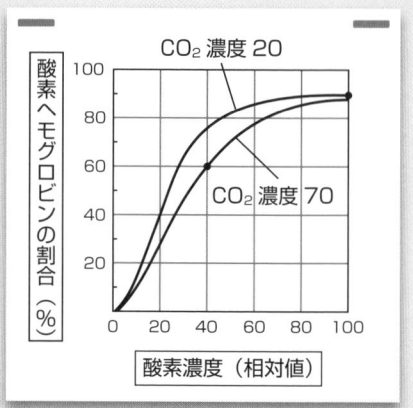

6 物理的・化学的防御に関して正しいものを1つ選べ。
① 皮膚表面の角質層は盛んな細胞分裂によってウイルスの侵入を防いでいる。
② 角質層の細胞にはケラチンが含まれている。
③ 汗や涙に含まれるリゾチームは細菌の細胞膜を分解する働きがある。
④ 胃酸による防御は自然免疫の一種である。

7 自然免疫に関与する場合はA、獲得免疫に関与する場合はB、いずれにも関与する場合はABを記せ。
ア 好中球の食作用による防御
イ マクロファージや樹状細胞が関与する防御
ウ キラーT細胞による防御
エ 抗体の産生による防御

8 体液性免疫に関与する場合はA、細胞性免疫に関与する場合はB、いずれにも関与する場合はAB、いずれにも関与しない場合は×を記せ。
ア 抗体を産生する
イ ヘルパーT細胞が刺激を与える
ウ マクロファージや樹状細胞が働く
エ 好中球が働く
オ B細胞が働く

9 免疫と疾患に関して正しいものを1つ選べ。
① エイズは、免疫反応が過敏に起こることで生じる病気である。
② 抗体の産生量が少なく、生体にとって不都合な反応がアレルギーである。
③ 免疫系が自己の細胞や成分を攻撃してしまう疾患が自己免疫疾患である。
④ 獲得免疫が過剰になることで日和見感染を起こしやすくなる。
⑤ 無毒化した抗体を接種して病気を予防するのが予防接種である。
⑥ 他の動物の抗原を含む血清を注射して病気を治療するのが血清療法である。

第3章 究極のポイント　確認問題　解答と解説

5　解答：5.4mL　　➡究極パネル 25

　最大 1.5mL というのは酸素ヘモグロビンが 100％の場合です。
　動脈血での酸素ヘモグロビンの割合は 90％なので動脈血での酸素の体積は 1.5mL × 0.9。静脈血での酸素ヘモグロビンの割合は 60％なので静脈血での酸素の体積は 1.5mL × 0.6。組織に渡された酸素は 1.5mL × 0.9 − 1.5mL × 0.6 = 0.45mL となります。
　これはヘモグロビン 1g あたりの値で、血液 100mL 中にはヘモグロビンが 12g 含まれているので、0.45mL/g × 12g = 5.4mL となります。

6　解答：②　　➡究極パネル 26

① 角質層は死細胞です。ウイルスは生細胞に感染して増殖するので、角質層が死細胞であることによってウイルスの感染を防いでいます。
③ リゾチームは、細菌の細胞膜ではなく細胞壁を分解する働きがあります。
④ 胃酸による防御は化学的防御の一種で、自然免疫ではありません。

7　解答：ア−A　イ−AB　ウ−B　エ−B　　➡究極パネル 26　➡究極パネル 27

ア　好中球やマクロファージ、樹状細胞などの食作用による防御は自然免疫です。
イ　マクロファージや樹状細胞は自然免疫にも働きますが、獲得免疫にも重要な役割を果たします。
ウ　キラーT 細胞は獲得免疫の細胞性免疫に関与します。
エ　抗体は獲得免疫の体液性免疫に関与します。

8　解答：ア−A　イ−AB　ウ−AB　エ−×　オ−A　　➡究極パネル 27

ア・オ　体液性免疫では、B 細胞から分化した抗体産生細胞が抗体を産生します。
イ・ウ　マクロファージや樹状細胞からの抗原提示を受けたヘルパーT 細胞は、体液性免疫では B 細胞を、細胞性免疫ではキラーT 細胞を刺激します。
エ　好中球が働くのは自然免疫だけで、獲得免疫ではありません。

9　解答：③　　➡究極パネル 28

①・④ エイズは、ヒト免疫不全ウイルスがヘルパーT 細胞に感染し、獲得免疫を低下させることで、日和見感染を起こしやすくなる病気です。
② 免疫反応が過敏に起こるのがアレルギーです。
⑤ 無毒化した抗体ではなく抗原を接種します。
⑥ 他の動物に産生させた抗原ではなく抗体を含む血清を注射します。

MEMO

第 4 章

恒常性

第 4 章では恒常性について学習します。この内容はセンター試験生物基礎では第 2 問として出題されます。ホルモン、自律神経、血糖調節、腎臓、肝臓など、最も身近な内容です。ストーリーを描けるように注意して学習しましょう。

■この章で登場する超重要用語ベスト 23

第 4 章を学習した後で、次の用語を見て、学習した内容がすぐに思い出せるかどうかチェックしましょう！

- [ ] 1 内分泌
- [ ] 2 標的器官
- [ ] 3 チロキシン
- [ ] 4 神経分泌細胞
- [ ] 5 バソプレシン
- [ ] 6 フィードバック調節
- [ ] 7 交感神経と副交感神経
- [ ] 8 ペースメーカー
- [ ] 9 インスリン
- [ ] 10 グルカゴン
- [ ] 11 アドレナリン
- [ ] 12 糖質コルチコイド
- [ ] 13 ネフロン（腎単位）
- [ ] 14 腎小体
- [ ] 15 細尿管（腎細管）
- [ ] 16 集合管
- [ ] 17 腎う
- [ ] 18 ろ過
- [ ] 19 再吸収
- [ ] 20 魚の体液濃度調節
- [ ] 21 肝小葉
- [ ] 22 解毒作用
- [ ] 23 胆汁

究極パネル 29 ホルモン

外分泌と内分泌

（　　　）
腺細胞
体外／体内／上皮／動脈／静脈／分泌物

（　　　）

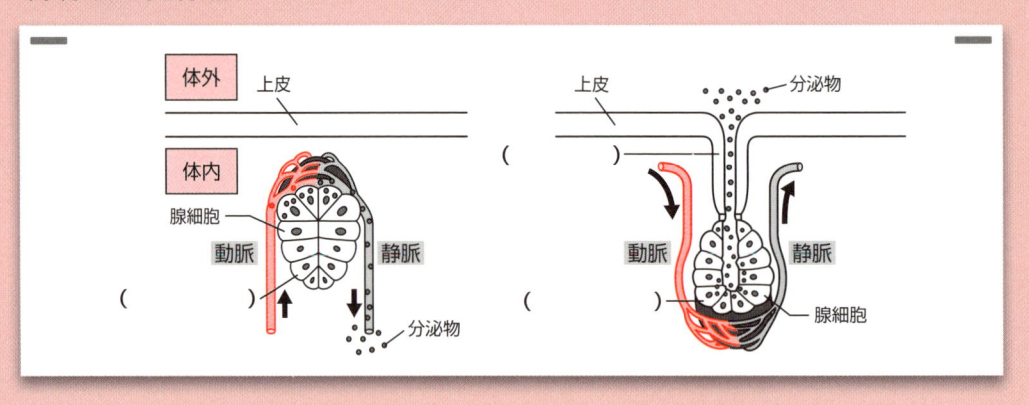

主なホルモンと分泌腺

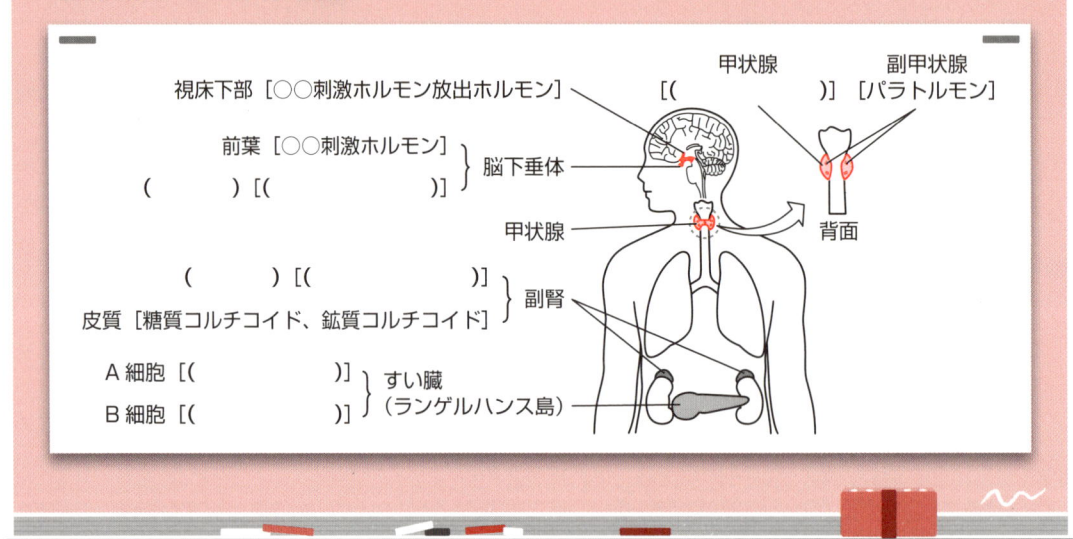

視床下部　[○○刺激ホルモン放出ホルモン]
前葉　[○○刺激ホルモン]
（　　　）[　　　　　]　　}脳下垂体
甲状腺　[(　　　)]
副甲状腺　[パラトルモン]

（　　　）[　　　　　]
皮質　[糖質コルチコイド、鉱質コルチコイド]　}副腎

A細胞 [(　　　)]　}すい臓
B細胞 [(　　　)]　　（ランゲルハンス島）

背面

究極のポイント

① 汗や消化液を分泌する（　　　）には、その物質を体外や消化管内に運ぶ（　　　）がある。

② ホルモンを分泌する（　　　）には排出管はなく、ホルモンは直接（　　　）され血液によって運ばれる。

③ ホルモンが作用する器官を（　　　）という。

④ 標的器官の細胞にのみ、そのホルモンと結合できる受容体がある。

究極パネル 29　ホルモン

外分泌と内分泌

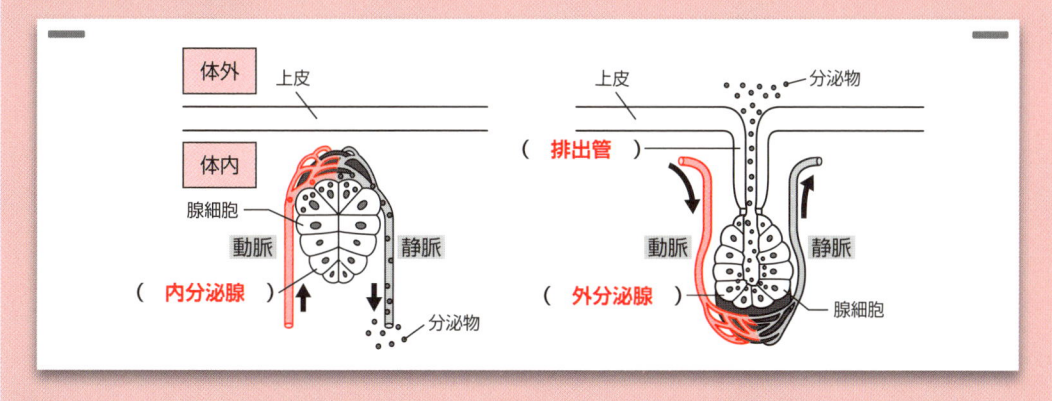

（左図）体外／体内／上皮／腺細胞／動脈／静脈／（**内分泌腺**）／分泌物

（右図）上皮／分泌物／（**排出管**）／動脈／静脈／（**外分泌腺**）／腺細胞

主なホルモンと分泌腺

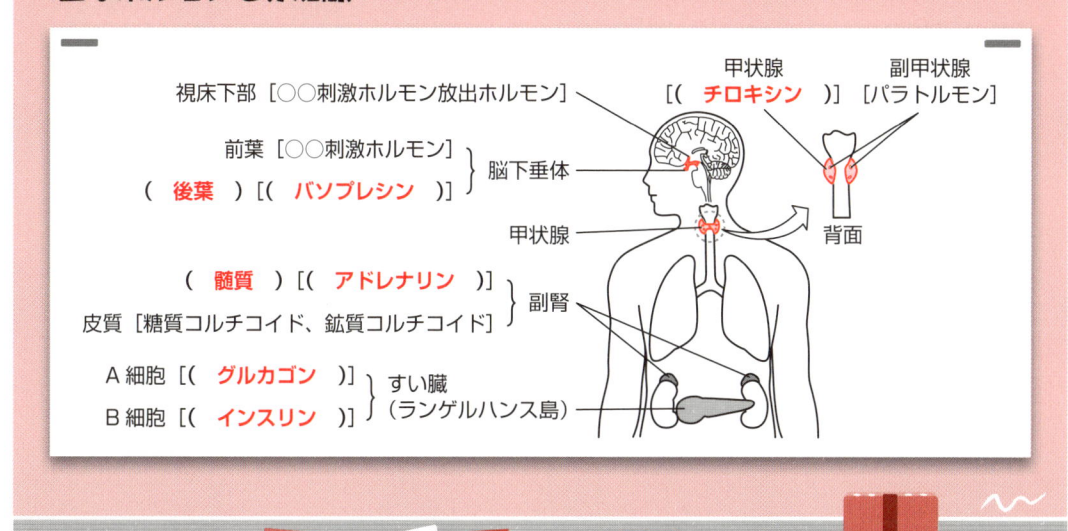

- 視床下部［○○刺激ホルモン放出ホルモン］
- 前葉［○○刺激ホルモン］
- （**後葉**）［（**バソプレシン**）］　}脳下垂体
- 甲状腺［（**チロキシン**）］
- 副甲状腺［パラトルモン］
- （**髄質**）［（**アドレナリン**）］
- 皮質［糖質コルチコイド、鉱質コルチコイド］　}副腎
- A細胞［（**グルカゴン**）］
- B細胞［（**インスリン**）］　}すい臓（ランゲルハンス島）

究極のポイント

① 汗や消化液を分泌する（ **外分泌腺** ）には、その物質を体外や消化管内に運ぶ（ **排出管** ）がある。

② ホルモンを分泌する（ **内分泌腺** ）には排出管はなく、ホルモンは直接（ **血液中に分泌** ）され血液によって運ばれる。

③ ホルモンが作用する器官を（ **標的器官** ）という。

④ 標的器官の細胞にのみ、そのホルモンと結合できる受容体がある。

究極パネル 30 分泌調節

間脳視床下部と脳下垂体の関係

( )
( )
血流
血流
脳下垂体
( )
( )
毛細血管

フィードバック調節

(例) チロキシン分泌

間脳視床下部 —甲状腺刺激ホルモン放出ホルモン→ 脳下垂体前葉 —甲状腺刺激ホルモン→ 甲状腺 —チロキシン→

フィードバック調節

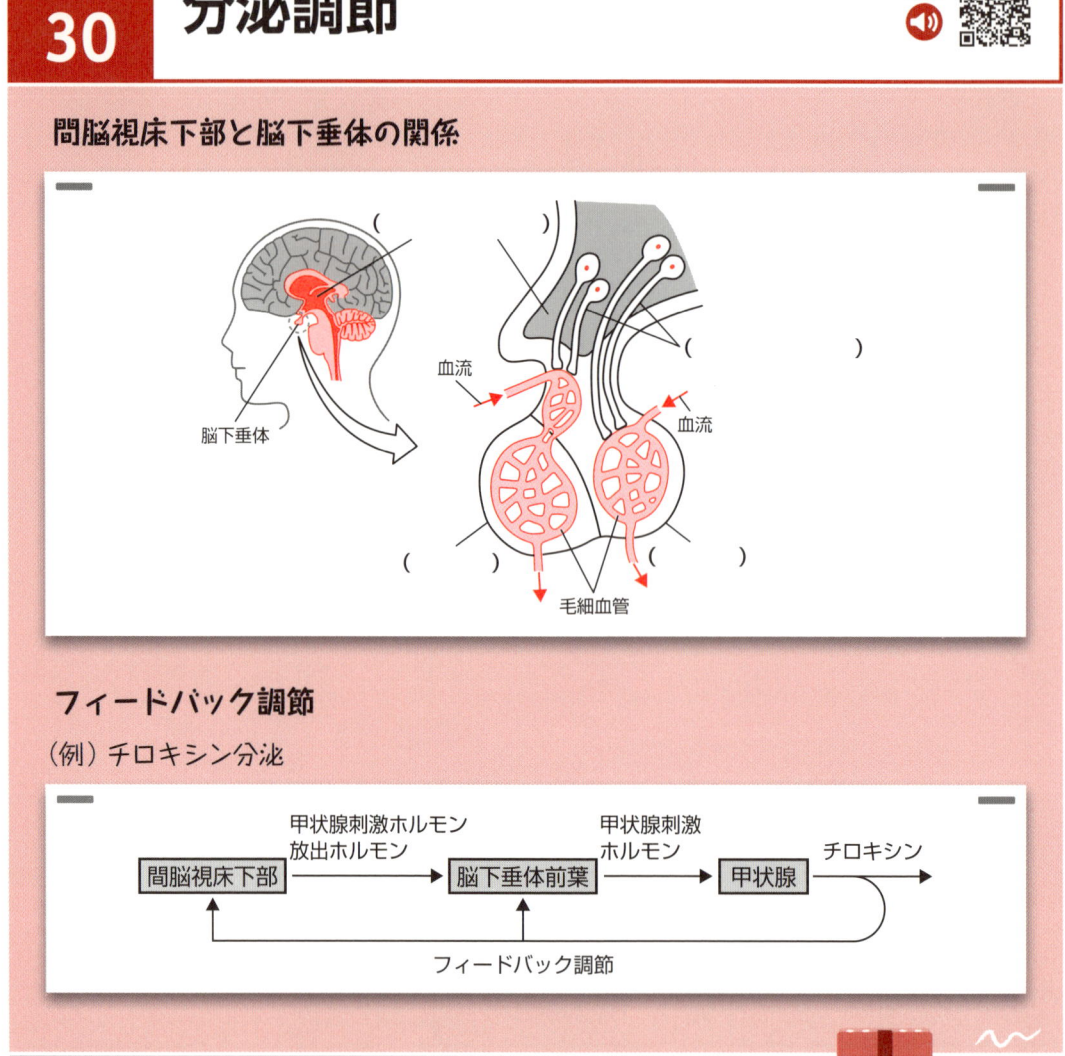

究極のポイント

① 間脳視床下部には神経細胞から分化した（　　　　　）があり、ここから神経分泌物質が血液中に分泌され、これが脳下垂体前葉に作用して、脳下垂体前葉からのホルモン分泌を調節する。

② 神経分泌細胞の一部は（　　　　　）から血液中に分泌される。すなわち、脳下垂体後葉から分泌される（　　　　　）は、間脳視床下部で合成されたホルモンである。

③ 最終的な効果が、初めの段階に戻って作用して調節するしくみを（　　　　　）という。

究極パネル 30

分泌調節

間脳視床下部と脳下垂体の関係

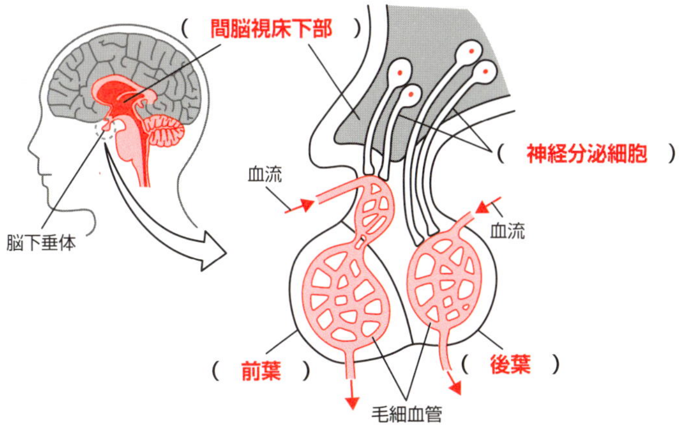
（ 間脳視床下部 ）
（ 神経分泌細胞 ）
血流
血流
脳下垂体
（ 前葉 ）
（ 後葉 ）
毛細血管

フィードバック調節

（例）チロキシン分泌

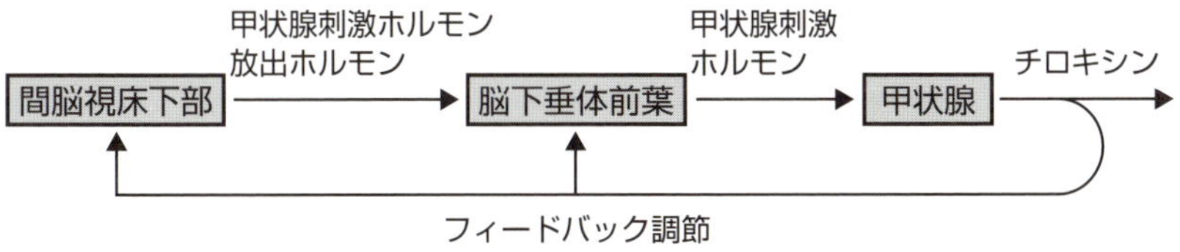
間脳視床下部
甲状腺刺激ホルモン
放出ホルモン
脳下垂体前葉
甲状腺刺激
ホルモン
甲状腺
チロキシン
フィードバック調節

究極のポイント

① 間脳視床下部には神経細胞から分化した（ **神経分泌細胞** ）があり、ここから神経分泌物質が血液中に分泌され、これが脳下垂体前葉に作用して、脳下垂体前葉からのホルモン分泌を調節する。

② 神経分泌細胞の一部は（ **脳下垂体後葉** ）から血液中に分泌される。すなわち、脳下垂体後葉から分泌される（ **バソプレシン** ）は、間脳視床下部で合成されたホルモンである。

③ 最終的な効果が、初めの段階に戻って作用して調節するしくみを（ **フィードバック調節** ）という。

究極パネル 31 自律神経

交感神経と副交感神経の働きの違い

	心臓拍動	消化管の運動	ひとみ	気管支	立毛筋
交感神経	（　）	（　）	（　）	（　）	（　）
副交感神経	（　）	（　）	（　）	（　）	―

交感神経と副交感神経のつながり方の違い

交感神経	すべて（　　　）から
副交感神経	中脳、延髄、脊髄

心臓の自動性と拍動調節

(1) 心臓の（　　　）に洞房結節という（　　　　　）があり、自動的に拍動できる。⇒自動性

(2) 心臓の拍動調節

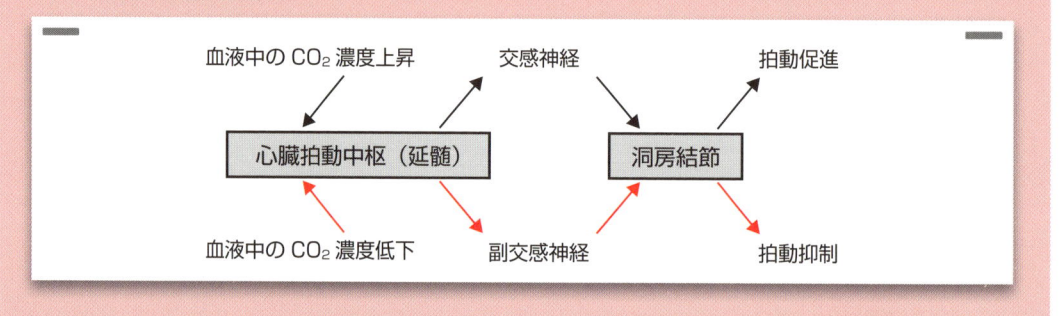

血液中の CO_2 濃度上昇 → 心臓拍動中枢（延髄） → 交感神経 → 洞房結節 → 拍動促進

血液中の CO_2 濃度低下 ← 心臓拍動中枢（延髄） → 副交感神経 → 洞房結節 → 拍動抑制

究極のポイント

① 交感神経と副交感神経をまとめて（　　　　）という。

② 交感神経と副交感神経は（　　　　）に作用する。一般的に交感神経は闘争的な状態を、副交感神経はリラックスして食事をするような状態を作り出す。

③ 心臓には自動性がある。これは（　　　　）にある（　　　　　）の働きによる。

④ 血液中の CO_2 濃度の変化を延髄が感知し、自律神経によって心臓の拍動を調節する。

究極パネル 31 自律神経

交感神経と副交感神経の働きの違い

	心臓拍動	消化管の運動	ひとみ	気管支	立毛筋
交感神経	(促進)	(抑制)	(拡大)	(拡張)	(収縮)
副交感神経	(抑制)	(促進)	(縮小)	(収縮)	―

交感神経と副交感神経のつながり方の違い

交感神経	すべて(脊髄)から
副交感神経	中脳、延髄、脊髄

心臓の自動性と拍動調節

(1) 心臓の(右心房)に洞房結節という(ペースメーカー)があり、自動的に拍動できる。⇒自動性

(2) 心臓の拍動調節

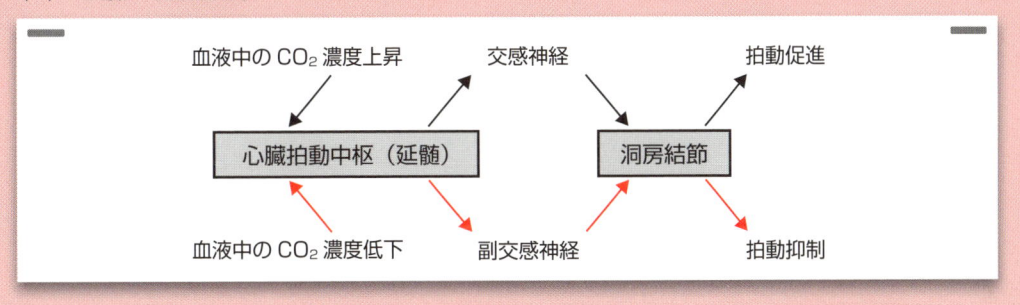

```
血液中のCO₂濃度上昇 → 交感神経 → 拍動促進
           ↓              ↗              ↗
      心臓拍動中枢（延髄）      洞房結節
           ↑              ↘              ↘
血液中のCO₂濃度低下 → 副交感神経 → 拍動抑制
```

究極のポイント

① 交感神経と副交感神経をまとめて(自律神経)という。

② 交感神経と副交感神経は(拮抗的)に作用する。一般的に交感神経は闘争的な状態を、副交感神経はリラックスして食事をするような状態を作り出す。

③ 心臓には自動性がある。これは(右心房)にある(ペースメーカー)の働きによる。

④ 血液中のCO_2濃度の変化を延髄が感知し、自律神経によって心臓の拍動を調節する。

究極パネル 32 血糖濃度調節

(1) 血糖濃度が上昇した場合の調節

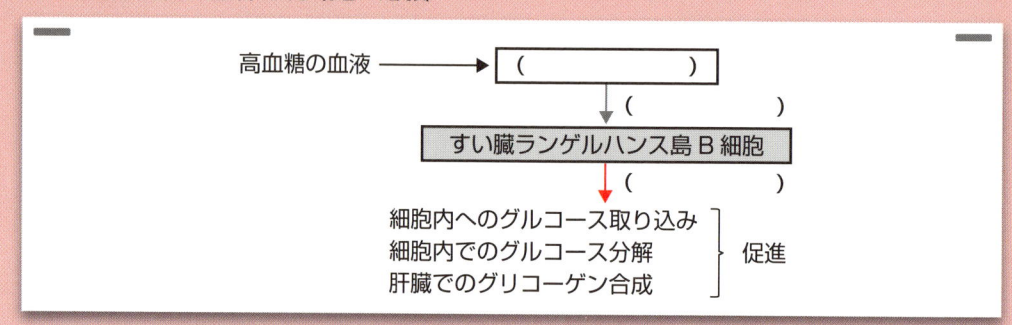

高血糖の血液 → （　　　）
　　　　　　　　（　　　　　）
すい臓ランゲルハンス島 B 細胞
　　　　　　　　（　　　　　）
細胞内へのグルコース取り込み
細胞内でのグルコース分解　　｝促進
肝臓でのグリコーゲン合成

(2) 血糖濃度が低下した場合の調節

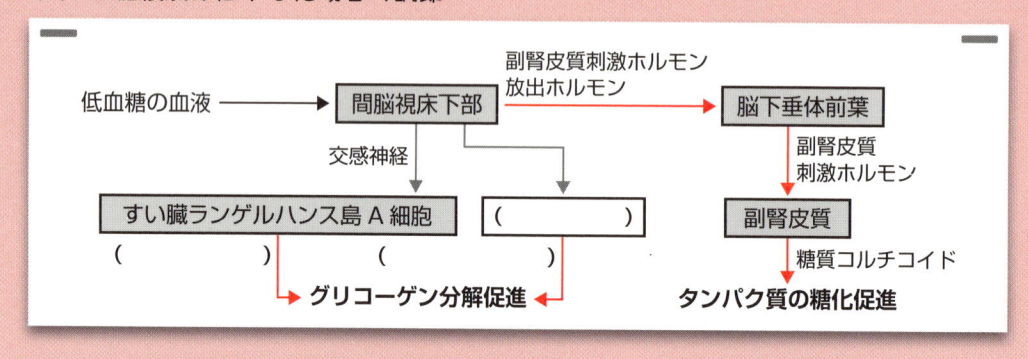

低血糖の血液 → 間脳視床下部 ──副腎皮質刺激ホルモン放出ホルモン→ 脳下垂体前葉
　　　　交感神経　　　　　　　　　　　　副腎皮質刺激ホルモン
すい臓ランゲルハンス島 A 細胞　（　　　　）　　副腎皮質
（　　　）　　（　　　　）　　　　　　　　糖質コルチコイド
　　　グリコーゲン分解促進　　　　　タンパク質の糖化促進

(3) 正常な血糖濃度は（　　　）％（100mg／100mL）
(4) 糖尿病になる原因……インスリンを分泌するランゲルハンス島 B 細胞に欠陥がある場合
　　　　　　　　　　　標的細胞がインスリンの作用を受容できない場合

究極のポイント

① 血糖濃度を調節する最高中枢は（　　　　　）である。

② 高血糖の場合は、（　　　　　）神経がランゲルハンス島（　　　）細胞からの（　　　　）分泌を促す。

③ 低血糖の場合は、（　　　）神経がランゲルハンス島（　　　）細胞および副腎（　　　）を刺激し、（　　　　）および（　　　　　　）分泌を促す。また、脳下垂体（　　　）からの刺激ホルモンによって副腎（　　　）からの（　　　　　）分泌が促される。

究極パネル 32 血糖濃度調節

(1) 血糖濃度が上昇した場合の調節

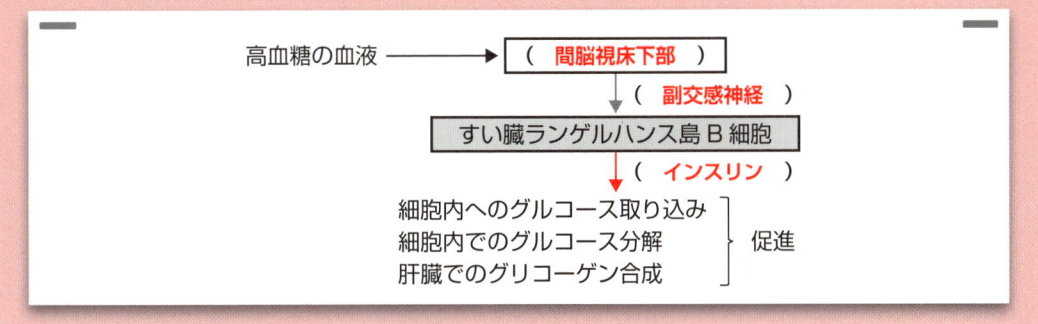

高血糖の血液 → (**間脳視床下部**)
↓ (**副交感神経**)
すい臓ランゲルハンス島 B 細胞
↓ (**インスリン**)
細胞内へのグルコース取り込み
細胞内でのグルコース分解　　} 促進
肝臓でのグリコーゲン合成

(2) 血糖濃度が低下した場合の調節

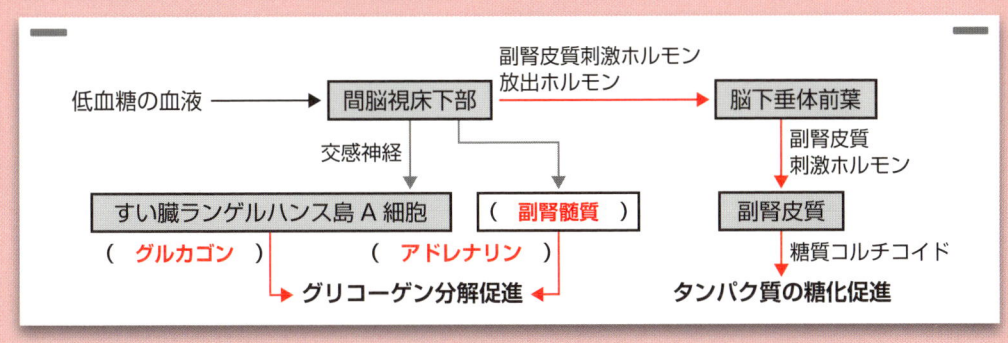

低血糖の血液 → 間脳視床下部 —副腎皮質刺激ホルモン放出ホルモン→ 脳下垂体前葉
交感神経 ↓　　　　　　　　　　　　　　　　　　　↓ 副腎皮質刺激ホルモン
すい臓ランゲルハンス島 A 細胞　(**副腎髄質**)　副腎皮質
(**グルカゴン**)　　(**アドレナリン**)　　↓ 糖質コルチコイド
→ グリコーゲン分解促進 ←　　　　**タンパク質の糖化促進**

(3) 正常な血糖濃度は (**0.1**) ％ (100mg／100mL)

(4) 糖尿病になる原因……インスリンを分泌するランゲルハンス島 B 細胞に欠陥がある場合
標的細胞がインスリンの作用を受容できない場合

究極のポイント

① 血糖濃度を調節する最高中枢は (**間脳視床下部**) である。

② 高血糖の場合は、(**副交感**) 神経がランゲルハンス島 (**B**) 細胞からの (**インスリン**) 分泌を促す。

③ 低血糖の場合は、(**交感**) 神経がランゲルハンス島 (**A**) 細胞および副腎 (**髄質**) を刺激し、(**グルカゴン**) および (**アドレナリン**) 分泌を促す。また、脳下垂体 (**前葉**) からの刺激ホルモンによって副腎 (**皮質**) からの (**糖質コルチコイド**) 分泌が促される。

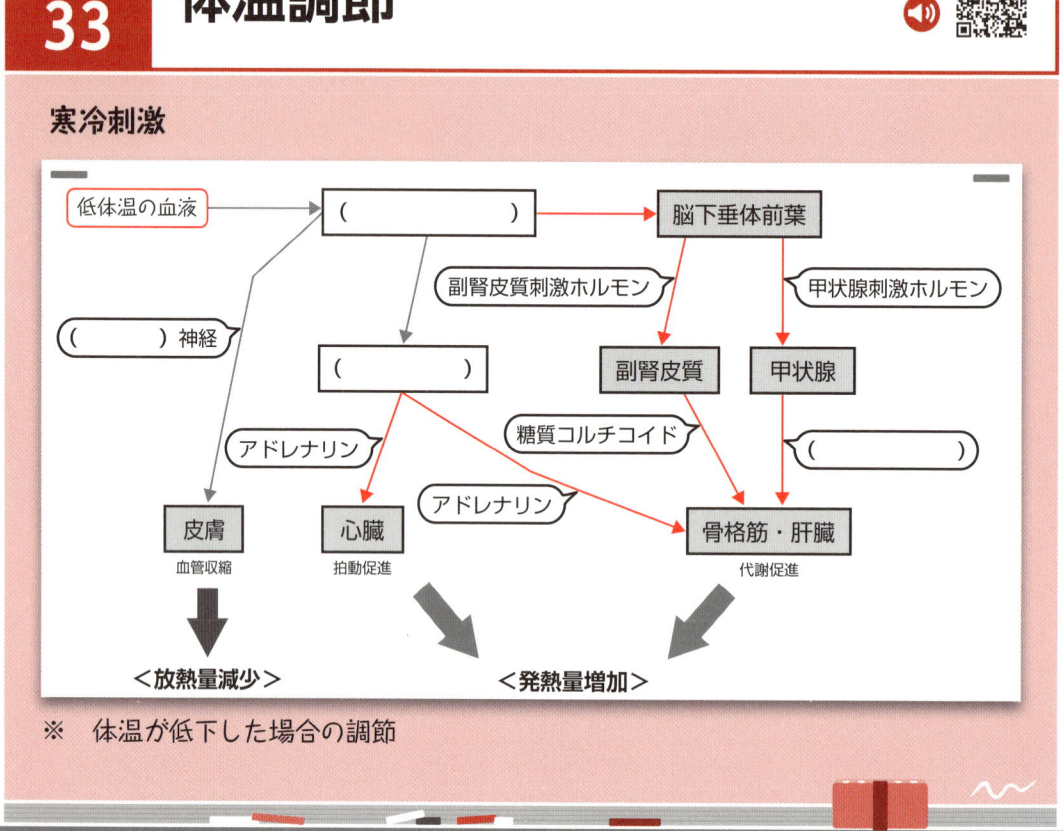

究極パネル 33 体温調節

寒冷刺激

低体温の血液 → ( ) → 脳下垂体前葉

( ) 神経

副腎皮質刺激ホルモン　甲状腺刺激ホルモン

( ) → 副腎皮質　甲状腺

アドレナリン　糖質コルチコイド　( )

アドレナリン

皮膚（血管収縮）　心臓（拍動促進）　骨格筋・肝臓（代謝促進）

＜放熱量減少＞　＜発熱量増加＞

※ 体温が低下した場合の調節

究極のポイント

① 体温調節の最高中枢は（　　　　　）である。

② 体温が低下すると、（　　　）神経が皮膚の血管収縮、心臓拍動促進、副腎髄質からのアドレナリン分泌を促す。

③ また、脳下垂体前葉からの刺激ホルモンによって副腎皮質からの（　　　　　）分泌、甲状腺からの（　　　　）分泌が促される。

④ アドレナリンや糖質コルチコイド、チロキシンは（　　　）を促進し、発熱量を増加させることで体温を維持する。

⑤ 皮膚の血管が収縮することで体表からの熱放散が（　　　）される。

⑥ 体温が上昇した場合は、上記の逆の反応＋交感神経によって発汗が促進される。

究極パネル 33 体温調節

寒冷刺激

低体温の血液 → （ **間脳視床下部** ） → 脳下垂体前葉

- （ **交感** ）神経
- 間脳視床下部 →（ **副腎髄質** ）
- 脳下垂体前葉 → 副腎皮質刺激ホルモン → 副腎皮質
- 脳下垂体前葉 → 甲状腺刺激ホルモン → 甲状腺

- 交感神経 → 皮膚（血管収縮）
- 副腎髄質 → アドレナリン → 心臓（拍動促進）
- 副腎髄質 → アドレナリン → 骨格筋・肝臓
- 副腎皮質 → 糖質コルチコイド → 骨格筋・肝臓
- 甲状腺 →（ **チロキシン** ）→ 骨格筋・肝臓（代謝促進）

＜放熱量減少＞ ＜発熱量増加＞

※ 体温が低下した場合の調節

究極のポイント

① 体温調節の最高中枢は（ **間脳視床下部** ）である。

② 体温が低下すると、（ **交感** ）神経が皮膚の血管収縮、心臓拍動促進、副腎髄質からのアドレナリン分泌を促す。

③ また、脳下垂体前葉からの刺激ホルモンによって副腎皮質からの（ **糖質コルチコイド** ）分泌、甲状腺からの（ **チロキシン** ）分泌が促される。

④ アドレナリンや糖質コルチコイド、チロキシンは（ **代謝** ）を促進し、発熱量を増加させることで体温を維持する。

⑤ 皮膚の血管が収縮することで体表からの熱放散が（ **抑制** ）される。

⑥ 体温が上昇した場合は、上記の逆の反応＋交感神経によって発汗が促進される。

究極パネル 34 腎臓

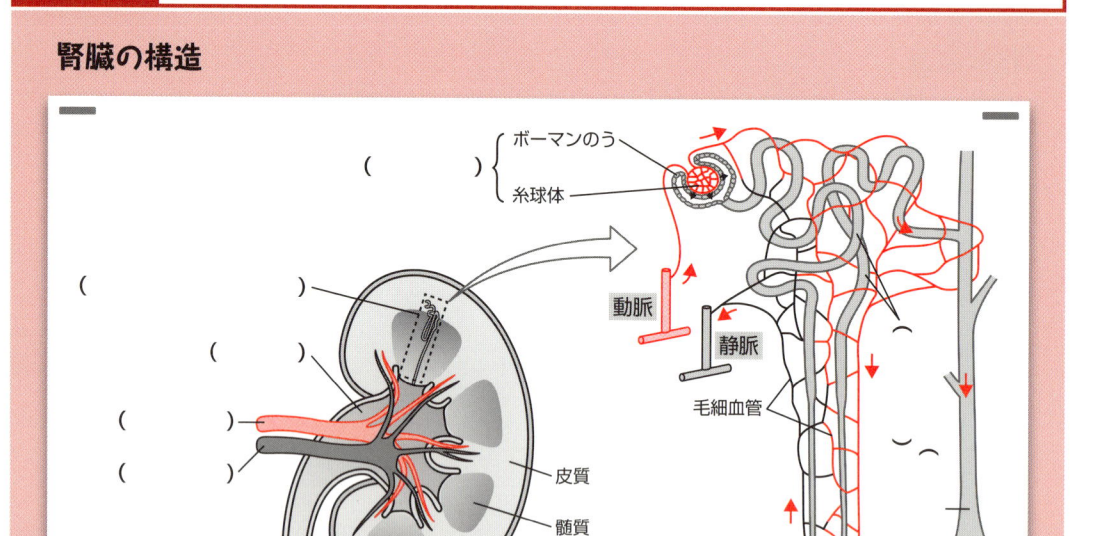

腎臓の構造

究極のポイント

① 腎臓は腰のあたりの背側に2個ある。

② 腎臓は皮質と髄質と腎うという3つの部分からなる。

③ 糸球体とボーマンのうを合わせて（　　　）という。

- 糸球体＋ボーマンのう＝（　　　）

④ 糸球体とボーマンのうと細尿管（腎細管）を合わせて（　　　）（腎単位）という。

- 糸球体＋ボーマンのう＋細尿管＝（　　　）

⑤ 1つの腎臓にネフロンは約（　　　）個ある。

⑥ 細尿管はやがて（　　　）につながる。集合管は腎臓の中心部分にある（　　　）につながる。

究極パネル 34 腎臓

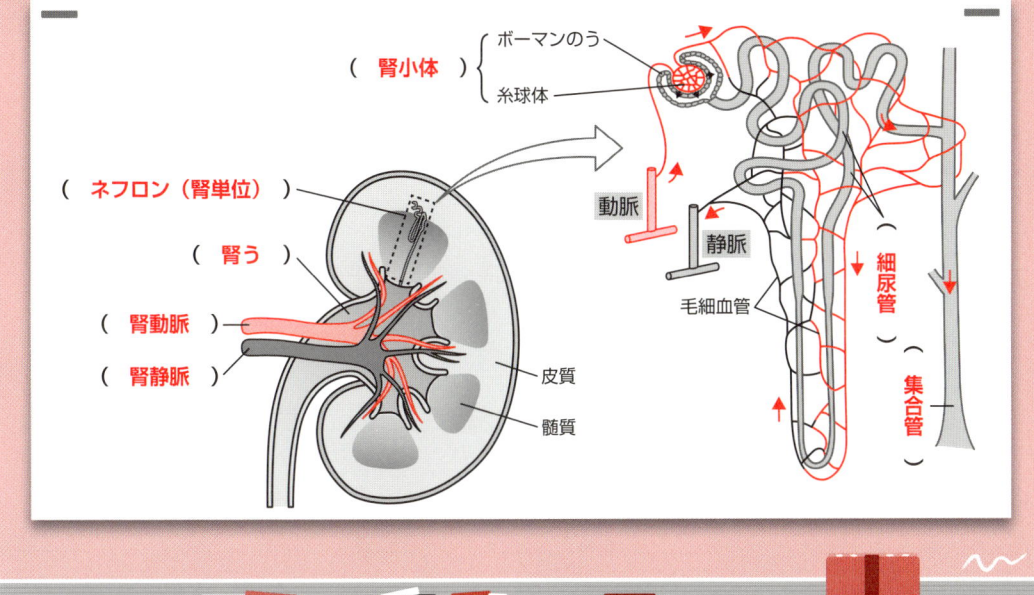

腎臓の構造

図中ラベル:
- (腎小体) — ボーマンのう／糸球体
- (ネフロン（腎単位）)
- (腎う)
- (腎動脈)
- (腎静脈)
- 皮質
- 髄質
- 動脈
- 静脈
- 毛細血管
- (細尿管)
- (集合管)

究極のポイント

① 腎臓は腰のあたりの背側に2個ある。

② 腎臓は皮質と髄質と腎うという3つの部分からなる。

③ 糸球体とボーマンのうを合わせて（ 腎小体 ）という。
- 糸球体＋ボーマンのう＝（ 腎小体 ）

④ 糸球体とボーマンのうと細尿管（腎細管）を合わせて（ ネフロン ）（腎単位）という。
- 糸球体＋ボーマンのう＋細尿管＝（ ネフロン ）

⑤ 1つの腎臓にネフロンは約（ 100万 ）個ある。

⑥ 細尿管はやがて（ 集合管 ）につながる。集合管は腎臓の中心部分にある（ 腎う ）につながる。

究極パネル 35 尿生成

尿生成のしくみ

[図：腎動脈 ← 心臓 ← 腎静脈
腎臓内：（　　）→ 毛細血管
A↓　B↑　C↑
（　　）→（　　）→（　　）
↓
（　　）
↓
輸尿管 → ぼうこう → 尿道 → 体外]

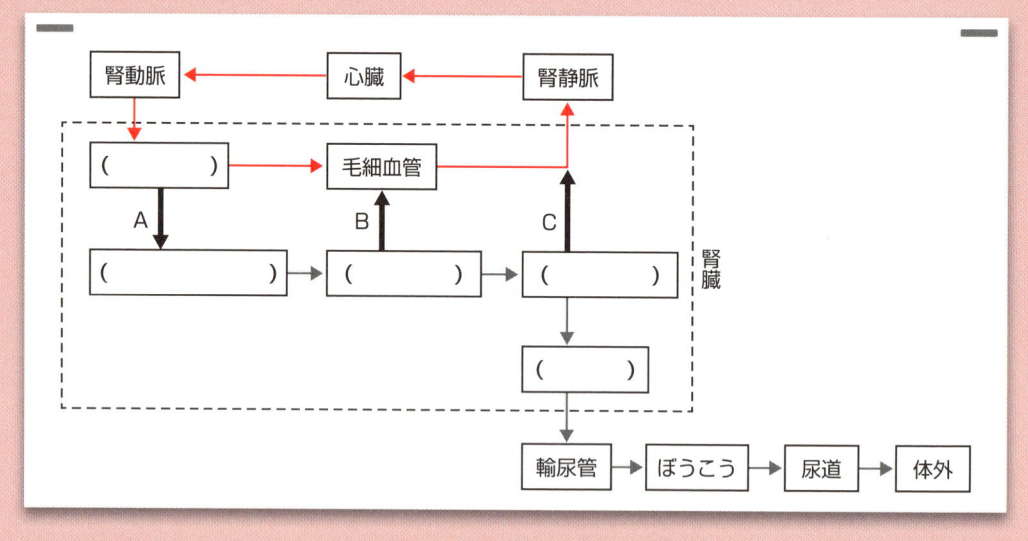

A：血球や（　　　　　）以外が（　　　）される。
B：グルコース、水、無機塩類が再吸収される。
C：（　　）が再吸収される。

究極のポイント

① 糸球体からボーマンのうへ、血球、（　　　　　　）以外がろ過され、原尿となる。

② 原尿が細尿管を通る間に、グルコース、水、無機塩類などが毛細血管に再吸収される。このとき、グルコースは正常であれば（　　　　）再吸収される。副腎皮質から分泌される（　　　　　　）によって無機塩類（Na^+）の再吸収が促進される。

③ 水は、（　　　　）からも再吸収される。
脳下垂体後葉から分泌される（　　　　　　）によって集合管からの水の再吸収が促進される。

④ 細尿管や集合管から再吸収されなかったものが（　　　　）に集まり尿となる。

究極パネル 35 尿生成

尿生成のしくみ

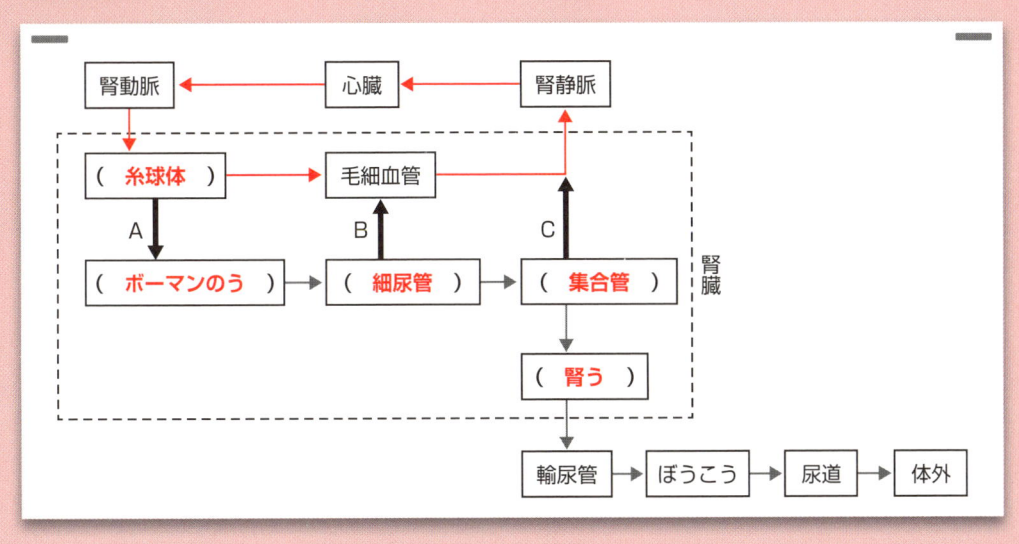

腎動脈 ← 心臓 ← 腎静脈

(**糸球体**) → 毛細血管
　A　　　　B　　　C
(**ボーマンのう**) → (**細尿管**) → (**集合管**) 〔腎臓〕
　　　　　　　　　　　　　　　　　　↓
　　　　　　　　　　　　　　　　(**腎う**)
　　　　　　　　　　　　　　　　　　↓
輸尿管 → ぼうこう → 尿道 → 体外

A：血球や(**タンパク質**)以外が(**ろ過**)される。
B：グルコース、水、無機塩類が再吸収される。
C：(**水**)が再吸収される。

究極のポイント

① 糸球体からボーマンのうへ、血球、(**タンパク質**)以外がろ過され、原尿となる。

② 原尿が細尿管を通る間に、グルコース、水、無機塩類などが毛細血管に再吸収される。このとき、グルコースは正常であれば(**100％**)再吸収される。副腎皮質から分泌される(**鉱質コルチコイド**)によって無機塩類（Na^+）の再吸収が促進される。

③ 水は、(**集合管**)からも再吸収される。
脳下垂体後葉から分泌される(**バソプレシン**)によって集合管からの水の再吸収が促進される。

④ 細尿管や集合管から再吸収されなかったものが(**腎う**)に集まり尿となる。

究極パネル 36 体液濃度調節

哺乳類の体液濃度調節

体液濃度上昇 → 間脳視床下部
↓
脳下垂体後葉からの（　　　　　）分泌促進
↓
腎臓（　　　）での水再吸収促進

硬骨魚の体液濃度調節

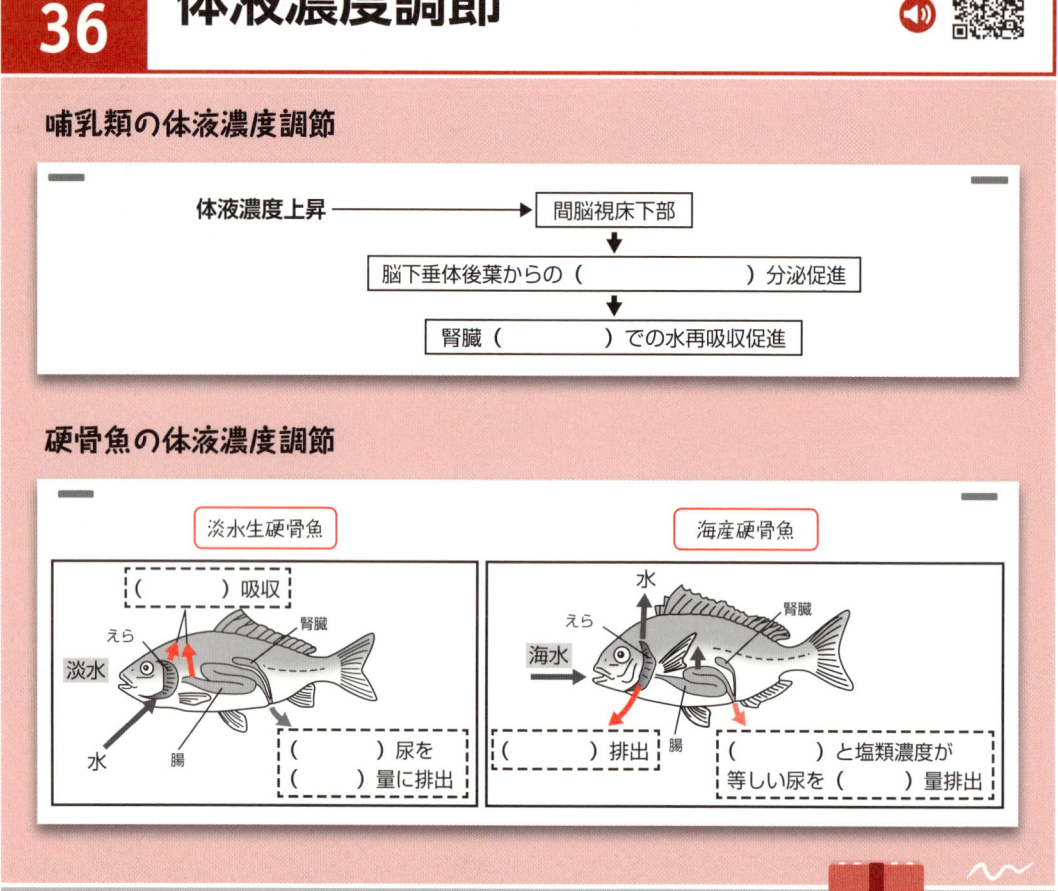

淡水生硬骨魚
（　　　）吸収
（　　　）尿を（　　　）量に排出

海産硬骨魚
（　　　）排出
（　　　）と塩類濃度が等しい尿を（　　　）量排出

究極のポイント

① 体液濃度の変化を（　　　　　）が感知する。体液濃度が高い場合はバソプレシン分泌を（　　　）、体液濃度が低い場合はバソプレシン分泌を（　　　）する。

② 淡水魚の場合の体液濃度調節
- 体液の方が、塩分濃度が高いので、水が体内に入ってくる。
- 腎臓からは塩分濃度の低い尿を多量排出する。
- （　　　）から塩分を能動輸送で（　　　）する。

③ 海産魚の場合の体液濃度調節
- 体液の方が、塩分濃度が低いので、水が体外に奪われる。
- 海水を飲み、水を補給する。
- 余分な塩分は（　　　）から能動輸送で（　　　）する。
- 腎臓からは（　　　）と同じ濃度の尿を少量排出する。

究極パネル 36 体液濃度調節

哺乳類の体液濃度調節

体液濃度上昇 → 間脳視床下部
↓
脳下垂体後葉からの（ **バソプレシン** ）分泌促進
↓
腎臓（ **集合管** ）での水再吸収促進

硬骨魚の体液濃度調節

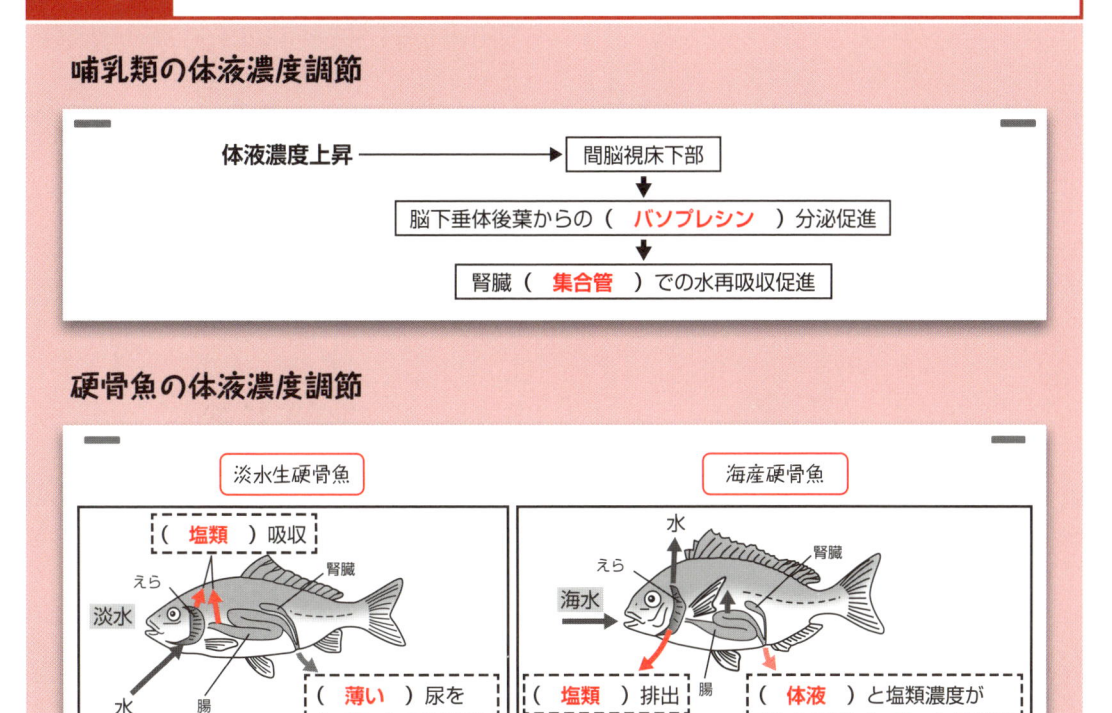

淡水生硬骨魚
- （ **塩類** ）吸収
- （ **薄い** ）尿を（ **多** ）量に排出

海産硬骨魚
- （ **塩類** ）排出
- （ **体液** ）と塩類濃度が等しい尿を（ **少** ）量排出

究極のポイント

① 体液濃度の変化を（ **間脳視床下部** ）が感知する。体液濃度が高い場合はバソプレシン分泌を（ **促進** ）、体液濃度が低い場合はバソプレシン分泌を（ **抑制** ）する。

② 淡水魚の場合の体液濃度調節
- 体液の方が、塩分濃度が高いので、水が体内に入ってくる。
- 腎臓からは塩分濃度の低い尿を多量排出する。
- （ **えら** ）から塩分を能動輸送で（ **吸収** ）する。

③ 海産魚の場合の体液濃度調節
- 体液の方が、塩分濃度が低いので、水が体外に奪われる。
- 海水を飲み、水を補給する。
- 余分な塩分は（ **えら** ）から能動輸送で（ **排出** ）する。
- 腎臓からは（ **体液** ）と同じ濃度の尿を少量排出する。

究極パネル 37 肝臓

肝臓の構造とその周囲

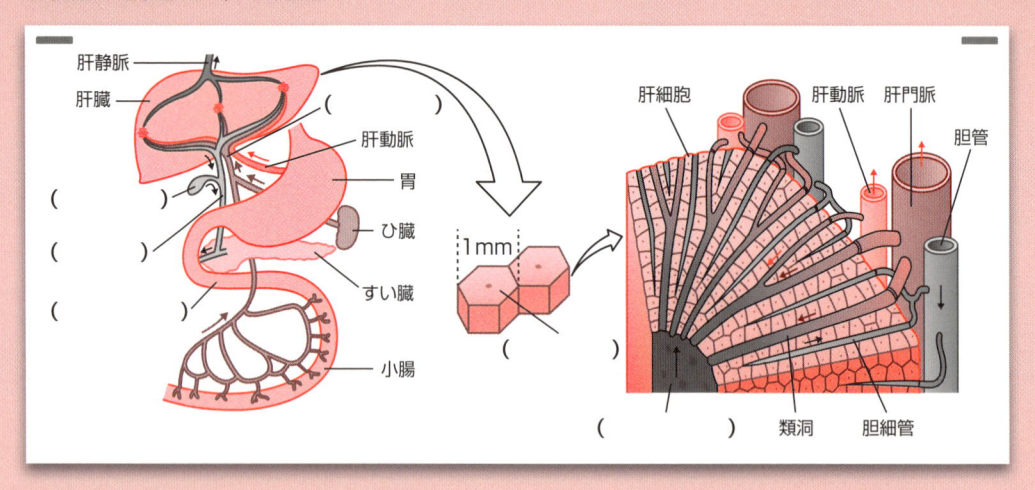

肝臓の働き

(1) （　　　　　）の合成・分解、貯蔵
(2) 血しょうタンパク質（アルブミン、グロブリン、フィブリノーゲン）の合成・分解
(3) （　　　　　）作用（有害な物質を無害化する）
(4) アンモニアから（　　　　）を生成
(5) （　　　　）生成（いったん胆のうに蓄えられて、十二指腸に分泌される）
　⇒脂肪の消化を助ける
(6) 古くなった（　　　　　）の破壊
(7) 盛んな代謝による体温維持

究極のポイント

① 肝臓は人体最大の臓器で、体重の約 $\frac{1}{50}$ の重さ（60kgのヒトで約1.2kg）がある。

② 肝臓は（　　　　　）という単位からなる。1つの肝小葉は約50万個の肝臓細胞からなり、肝臓には約50万個の肝小葉がある。

③ 肝動脈と肝門脈から流入した血液は、類洞という毛細血管を通り、肝小葉の中心にある（　　　　　）に集まり、最終的には肝静脈から出ていく。

究極パネル 37　肝臓

肝臓の構造とその周囲

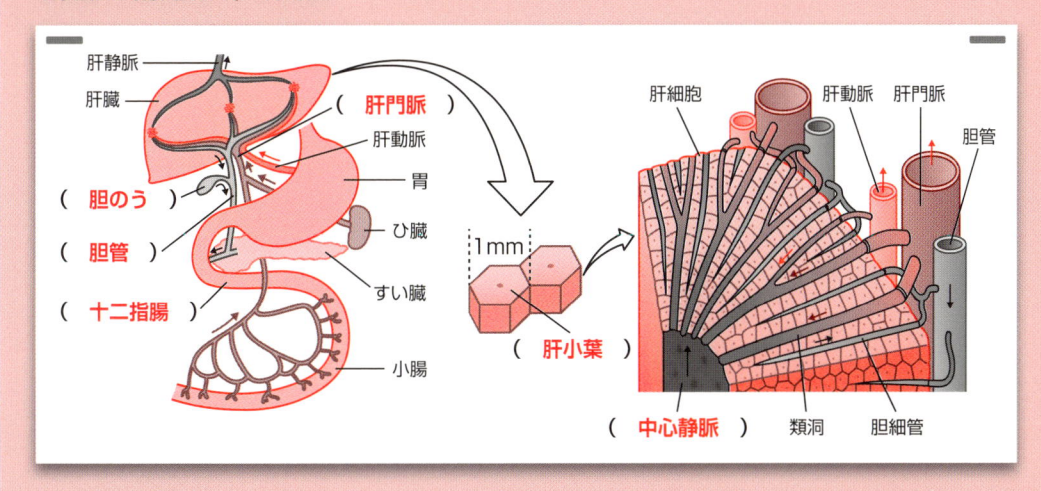

図中のラベル：肝静脈、肝臓、（ 肝門脈 ）、肝動脈、胃、ひ臓、すい臓、小腸、（ 胆のう ）、（ 胆管 ）、（ 十二指腸 ）、1mm、（ 肝小葉 ）、肝細胞、肝動脈、肝門脈、胆管、（ 中心静脈 ）、類洞、胆細管

肝臓の働き

(1) （ グリコーゲン ）の合成・分解、貯蔵
(2) 血しょうタンパク質（アルブミン、グロブリン、フィブリノーゲン）の合成・分解
(3) （ 解毒 ）作用（有害な物質を無害化する）
(4) アンモニアから（ 尿素 ）を生成
(5) （ 胆汁 ）生成（いったん胆のうに蓄えられて、十二指腸に分泌される）
　⇒脂肪の消化を助ける
(6) 古くなった（ 赤血球 ）の破壊
(7) 盛んな代謝による体温維持

究極のポイント

① 肝臓は人体最大の臓器で、体重の約 $\frac{1}{50}$ の重さ（60kg のヒトで約 1.2kg）がある。

② 肝臓は（ 肝小葉 ）という単位からなる。1つの肝小葉は約 50 万個の肝臓細胞からなり、肝臓には約 50 万個の肝小葉がある。

③ 肝動脈と肝門脈から流入した血液は、類洞という毛細血管を通り、肝小葉の中心にある（ 中心静脈 ）に集まり、最終的には肝静脈から出ていく。

第4章 究極のポイント 確認問題

1 外分泌と内分泌に関して正しい文を1つ選べ。
① 消化液やホルモンを体内に分泌することを内分泌という。
② 排出管を通って血液中に分泌することを内分泌という。
③ 血管を通って運ばれたのち体外に分泌することを外分泌という。
④ ホルモンは標的器官にのみ分泌されるので、標的器官にのみ作用する。
⑤ 標的器官の細胞にはそのホルモンと特異的に結合する受容体がある。

2 チロキシン分泌について、正しい文を1つ選べ。
① 脳下垂体前葉を除去すると、甲状腺刺激ホルモンが減少し、フィードバック調節によりチロキシンの分泌は増加する。
② 甲状腺を除去すると、甲状腺刺激ホルモンが減少するため、チロキシン分泌も減少する。
③ チロキシンを多量注射すると、甲状腺刺激ホルモンが減少する。
④ 甲状腺を除去し、甲状腺刺激ホルモンを多量注射すると、チロキシン分泌が促進される。
⑤ 間脳視床下部にある神経分泌細胞から放出された神経分泌物質によって、脳下垂体前葉からの甲状腺刺激ホルモン分泌が抑制される。

3 自律神経に関して正しい文を1つ選べ。
① 交感神経によって心臓の拍動や消化管の運動が促進される。
② 交感神経によって瞳孔の拡大や気管支の拡張が促進される。
③ 副交感神経は立毛筋の弛緩を促進する。
④ 交感神経はすべて延髄からつながっている。
⑤ 血液中の CO_2 濃度が上昇すると、延髄にある心臓拍動の中枢が刺激され、この情報が左心房にある洞房結節に伝えられて心臓の拍動が促進される。

4 血糖調節に関して誤っている文を2つ選べ。
① 血糖濃度調節の最高中枢は間脳視床下部である。
② 正常な血糖濃度は約 1mg/mL である。
③ 血糖濃度が上昇すると、すい臓からのインスリン分泌が促進される。
④ インスリンは、細胞内へのグルコースの取り込みやグリコーゲン分解を促進して血糖濃度を低下させる働きがある。
⑤ 血糖濃度が低下すると、交感神経によって副腎髄質からのアドレナリン分泌や副腎皮質からの糖質コルチコイド分泌、すい臓からのグルカゴン分泌が促進される。
⑥ 糖質コルチコイドはタンパク質の糖化を促進して血糖濃度を上昇させる働きがある。

第4章 究極のポイント 確認問題 解答と解説

1 解答：⑤ ➡究極パネル29

① 消化液の分泌は外分泌です。
② 内分泌では排出管は関与しません。
③ 血管ではなく、排出管を通って分泌されるのが外分泌です。
④ ホルモンは血液中に分泌されるので、標的器官にのみ分泌されるのではありません。
⑤ 標的器官の細胞にのみ、そのホルモンと結合する受容体があります。

2 解答：③ ➡究極パネル30

① 脳下垂体前葉を除去し、甲状腺刺激ホルモンが減少すれば、チロキシン分泌も減少します。
② 甲状腺を除去すると、チロキシンが減少し、甲状腺刺激ホルモンの分泌は増加します。
③ チロキシン濃度が高くなると、フィードバック調節により甲状腺刺激ホルモンが減少します。
④ 甲状腺を除去しているので、チロキシンは分泌されません。
⑤ 間脳視床下部からは甲状腺刺激ホルモン放出ホルモンという神経分泌物質が分泌されるので、甲状腺刺激ホルモン分泌は促進されます。

3 解答：② ➡究極パネル31

① 交感神経によって消化管の運動は抑制されます。
② 交感神経によって消化管の運動が抑制され、心臓の拍動、瞳孔の拡大、気管支の拡張、立毛筋の収縮が促進されます。
③ 立毛筋には副交感神経は分布していません。
④ 交感神経はすべて脊髄とつながっています。
⑤ 洞房結節は左心房ではなく右心房にあります。

4 解答：④、⑤ ➡究極パネル32

② 正常な血糖濃度は約 100mg/100mL ＝ 1mg/mL、パーセント濃度では0.1％です。
④ インスリンは肝臓でのグリコーゲン分解ではなく合成を促します。
⑤ アドレナリン分泌やグルカゴン分泌は交感神経によって行われますが、糖質コルチコイド分泌は副腎皮質刺激ホルモンによって促進されます。
⑥ アドレナリンやグルカゴンはグリコーゲン分解を促進して血糖濃度を上昇させますが、糖質コルチコイドはタンパク質の糖化を促進して血糖濃度を上昇させます。

第4章 究極のポイント 確認問題

5 体温調節に関して誤っている文を1つ選べ。
① 体温が低下すると、交感神経によって皮膚の血管が収縮し、熱放散が抑制される。
② 体温が低下すると、糖質コルチコイド分泌やチロキシン分泌が促進される。
③ 体温が上昇すると、副交感神経によって発汗が促進される。
④ 体温調節の最高中枢は間脳視床下部である。

6 腎臓および尿生成に関して正しい文を1つ選べ。
① 糸球体とボーマンのうを合わせて腎単位(ネフロン)という。
② ネフロンは1つの腎臓に約1万個ある。
③ 糸球体からボーマンのうへ血球や尿素以外がろ過される。
④ タンパク質は糸球体からボーマンのうへろ過されるが、細尿管で100%再吸収されるので、尿中には排出されない。
⑤ 水は集合管からのみ再吸収される。
⑥ 細尿管や集合管で再吸収されなかったものは腎うに集まる。

7 血しょう中の尿素の濃度が0.3mg/mL、尿中の濃度が20.0mg/mL、1分間での原尿量を100mL、尿量を1.2mLとすると、1分間で再吸収された尿素は何mgか。
① 0.12mg ② 0.6mg ③ 1.2mg ④ 6mg ⑤ 12mg

8 体液濃度調節に関して正しい文を1つ選べ。
① 体液濃度が上昇すると、脳下垂体後葉で合成されたバソプレシンの分泌が促進される。
② バソプレシンは腎臓の集合管からの水の再吸収を促進する。
③ 淡水魚は、腎臓からは多量の薄い尿を排出し、えらから塩分を排出する。
④ 海産魚は、腎臓からは体液よりも濃い尿を少量排出している。
⑤ 海産魚がえらから塩類を排出するのは受動輸送である。

9 肝臓に関して正しい文を1つ選べ。
① 60kgのヒトでは肝臓は約6kgの重さがある。
② 肝臓の最小単位は肝小葉で、約50万個存在する。
③ 肝臓では、グリコーゲン合成や分解を促進するホルモンが分泌される。
④ 肝臓では、腎臓で生成した尿素を無毒化する作用がある。
⑤ 肝臓では、胆のうで生成した胆汁をいったん蓄え、十二指腸に分泌する働きがある。
⑥ 肝臓からは肝門脈を通って小腸に栄養分が送られる。

第4章 究極のポイント 確認問題 解答と解説

5 解答：③ →究極パネル 33

③ 体温が上昇した場合には発汗が促進されますが、副交感神経ではなく交感神経が汗腺に刺激を与えて発汗を促します。もともと汗腺には副交感神経は分布していません。

6 解答：⑥ →究極パネル 34 →究極パネル 35

① 糸球体とボーマンのうを合わせたものは腎小体です。
② ネフロンは1つの腎臓に約100万個あります。
③・④ 糸球体からボーマンのうへろ過されないのは血球とタンパク質です。
⑤ 水は集合管と細尿管の両方から再吸収されます。
⑥ 腎臓の一番中心部にある腎うに集められた尿が輸尿管を通ってぼうこうへ運ばれます。

7 解答：④ →究極パネル 35

実は小学校時代に学んだ濃度の計算問題です。濃度 = $\dfrac{物質量}{液体量}$ なので物質量 = 液体量 × 濃度で求められます。尿素は糸球体からボーマンのうへろ過される物質なので、血しょう中での濃度と原尿中での濃度は同じです。よって尿素の血しょう中での濃度が 0.3mg/mL であれば原尿中での濃度も 0.3mg/mL です。

物質量 = 液体量 × 濃度の計算式にあてはめると、原尿中の尿素の量は、原尿量 × 原尿中での尿素の濃度 = 100mL × 0.3mg/mL = 30mg です。同様に尿中の尿素の量は、尿量 × 尿中での尿素の濃度 = 1.2mL × 20.0mg/mL = 24mg です。原尿中に 30mg あったのに尿中には 24mg なので、その差 6mg は再吸収されたことになります。簡単ですね！

8 解答：② →究極パネル 36

① バソプレシンを合成しているのは脳下垂体後葉ではなく間脳視床下部です。
③・⑤ 淡水魚はえらから塩類を吸収し、海産魚はえらから塩類を排出します。いずれも濃度勾配に逆らった能動輸送です。
④ 海産魚は腎臓からは体液と同じ濃度の尿を排出します。

9 解答：② →究極パネル 37

① 肝臓は体重の約 $\dfrac{1}{50}$ の重さがあるので、60kg × $\dfrac{1}{50}$ = 1.2kg です。
③ 肝臓からはホルモンが分泌されたりしません。
④・⑤ 肝臓で尿素や胆汁を生成します。
⑥ 小腸で吸収した栄養分を肝臓に運びこむのが肝門脈です。

MEMO

第5章

生態系

第5章では生態系について学習します。この内容はセンター試験生物基礎では第3問として出題されます。主に植物の分布、そして現代における重要なテーマである環境問題が登場します。現代人の必須の知識だと思って学習してください！

■この章で登場する超重要用語ベスト30

第5章を学習した後で、次の用語を見て、学習した内容がすぐに思い出せるかどうかチェックしましょう！

- ☑ 1 階層構造
- ☑ 2 林冠
- ☑ 3 林床
- ☑ 4 土壌
- ☑ 5 腐植土層
- ☑ 6 一次遷移と二次遷移
- ☑ 7 先駆種（パイオニア種）
- ☑ 8 極相
- ☑ 9 ギャップ
- ☑ 10 バイオーム
- ☑ 11 照葉樹林
- ☑ 12 夏緑樹林
- ☑ 13 針葉樹林
- ☑ 14 雨緑樹林
- ☑ 15 硬葉樹林
- ☑ 16 水平分布と垂直分布
- ☑ 17 森林限界
- ☑ 18 非生物的環境
- ☑ 19 作用と環境形成作用
- ☑ 20 食物連鎖と食物網
- ☑ 21 栄養段階
- ☑ 22 生態ピラミッド
- ☑ 23 窒素固定
- ☑ 24 硝化
- ☑ 25 窒素同化
- ☑ 26 脱窒
- ☑ 27 自然浄化
- ☑ 28 富栄養化
- ☑ 29 生物濃縮
- ☑ 30 外来生物

究極パネル 38　様々な植生

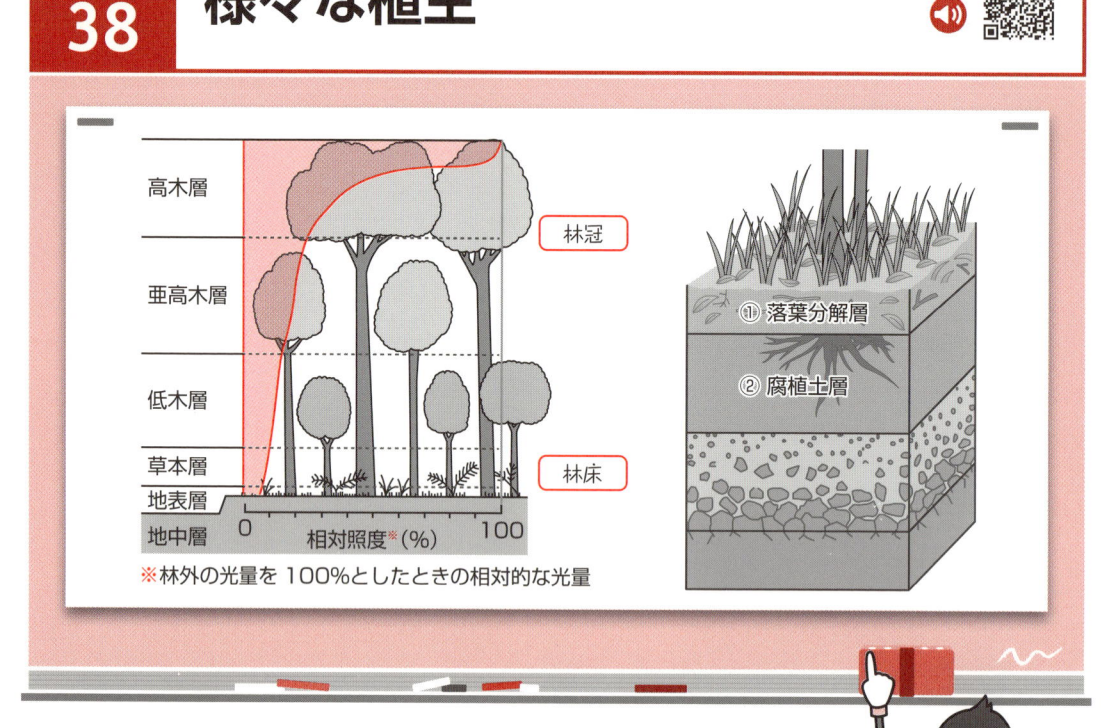

究極のポイント

① ある場所をおおっている植物全体をまとめて（　　　）という。

② 森林では上図のような垂直方向の（　　　）が発達している。

③ 森林の最上部をおおっている部分を（　　　）、地表付近を（　　　）という。

④ 陰生植物は、陽生植物に比べると、光補償点が（　　　）、光飽和点が（　　　）、比較的弱光下でも生育できる。林床には（　　　）植物が多い。

⑤ 岩石が風化して細かく粒状になったものに、動植物の遺骸が分解されてできた有機物が混入したものを（　　　）という。

⑥ 土壌の上部には落葉・落枝が堆積し、その分解が行われている（　　　）層がある。その下には分解によって生じた有機物を含む（　　　）層がある。

⑦ 高温多湿の熱帯多雨林では落葉などの供給速度が大きいが、分解速度も大きく、落葉分解層や腐植土層が（　　　）。

究極パネル 38 様々な植生

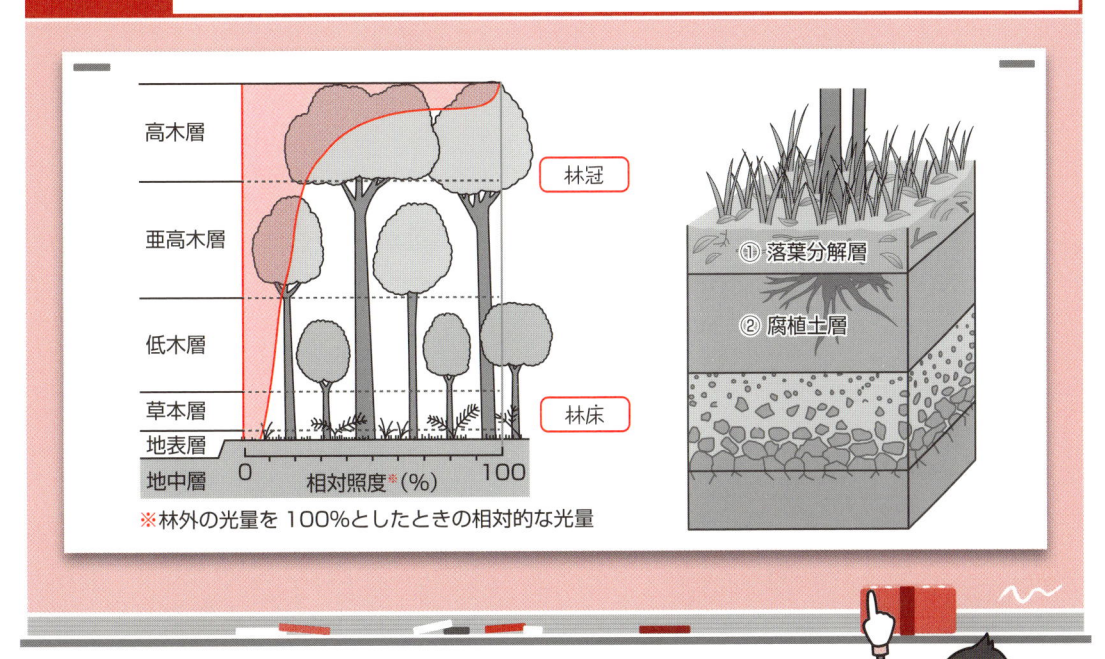

図中ラベル：高木層／亜高木層／低木層／草本層／地表層／地中層／林冠／林床／相対照度*(%)／①落葉分解層／②腐植土層
※林外の光量を100%としたときの相対的な光量

究極のポイント

① ある場所をおおっている植物全体をまとめて（ **植生** ）という。

② 森林では上図のような垂直方向の（ **階層構造** ）が発達している。

③ 森林の最上部をおおっている部分を（ **林冠** ）、地表付近を（ **林床** ）という。

④ 陰生植物は、陽生植物に比べると、光補償点が（ **低く** ）、光飽和点が（ **低く** ）、比較的弱光下でも生育できる。林床には（ **陰生** ）植物が多い。

⑤ 岩石が風化して細かく粒状になったものに、動植物の遺骸が分解されてできた有機物が混入したものを（ **土壌** ）という。

⑥ 土壌の上部には落葉・落枝が堆積し、その分解が行われている（ **落葉分解** ）層がある。その下には分解によって生じた有機物を含む（ **腐植土** ）層がある。

⑦ 高温多湿の熱帯多雨林では落葉などの供給速度が大きいが、分解速度も大きく、落葉分解層や腐植土層が（ **薄い** ）。

究極パネル 39 遷移

遷移の過程

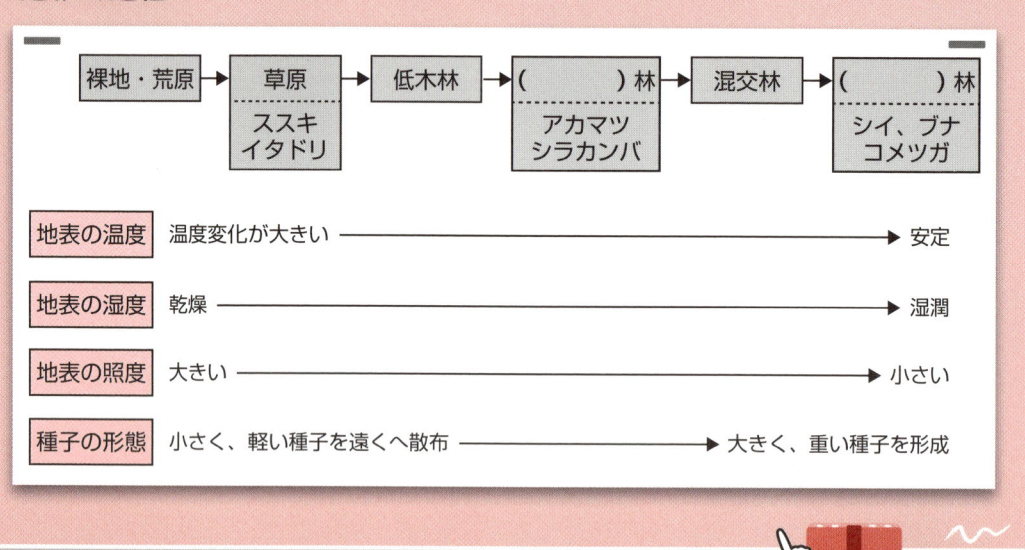

裸地・荒原 → 草原（ススキ、イタドリ）→ 低木林 → （　　）林（アカマツ、シラカンバ）→ 混交林 → （　　）林（シイ、ブナ、コメツガ）

地表の温度	温度変化が大きい ────────────→ 安定
地表の湿度	乾燥 ────────────→ 湿潤
地表の照度	大きい ────────────→ 小さい
種子の形態	小さく、軽い種子を遠くへ散布 ────────────→ 大きく、重い種子を形成

究極のポイント

① 時間に沿った植生の変化を（　　　）という。

② 土壌が形成されておらず、植物の種子や根も存在しない場所から始まる遷移を（　　　）、すでに土壌が形成され、植物の種子や根が存在する場所から始まる遷移を（　　　）という。

③ 遷移の初期に侵入する植物を（　　　　　　）という。

④ 遷移が進み、やがて安定した状態に達する。このような状態を（　　　　　）といい、このときの森林を（　　　）という。極相林は主に（　　　）からなる。

⑤ 極相に達しても台風などで高木が倒れ、林冠に空白が生じることがある。このような場所を（　　　）という。ギャップが生じるとその部分の林床の照度が上がり、飛来してきたり、土壌中に埋もれていた陽樹の種子が発芽して成長し、ギャップを陽樹が埋めるようになる。
このようなギャップにおける森林の樹木の入れ替わりを（　　　　　）という。

究極パネル 39 遷移

遷移の過程

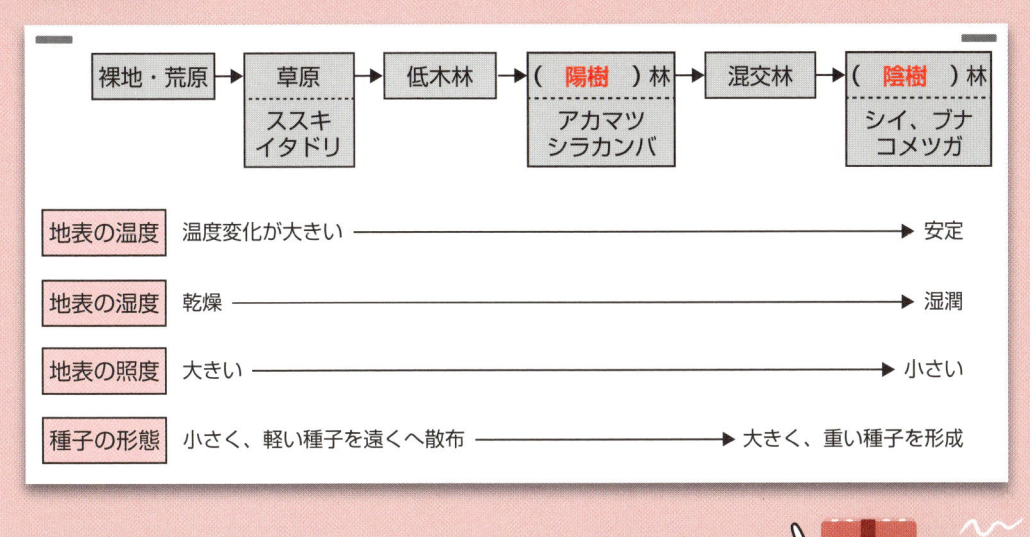

裸地・荒原 → 草原 → 低木林 → (**陽樹**)林 → 混交林 → (**陰樹**)林

- 草原：ススキ、イタドリ
- 陽樹林：アカマツ、シラカンバ
- 陰樹林：シイ、ブナ、コメツガ

項目	変化
地表の温度	温度変化が大きい → 安定
地表の湿度	乾燥 → 湿潤
地表の照度	大きい → 小さい
種子の形態	小さく、軽い種子を遠くへ散布 → 大きく、重い種子を形成

究極のポイント

① 時間に沿った植生の変化を（ **遷移** ）という。

② 土壌が形成されておらず、植物の種子や根も存在しない場所から始まる遷移を（ **一次遷移** ）、すでに土壌が形成され、植物の種子や根が存在する場所から始まる遷移を（ **二次遷移** ）という。

③ 遷移の初期に侵入する植物を（ **先駆植物（パイオニア植物）** ）という。

④ 遷移が進み、やがて安定した状態に達する。このような状態を（ **極相（クライマックス）** ）といい、このときの森林を（ **極相林** ）という。極相林は主に（ **陰樹** ）からなる。

⑤ 極相に達しても台風などで高木が倒れ、林冠に空白が生じることがある。このような場所を（ **ギャップ** ）という。ギャップが生じるとその部分の林床の照度が上がり、飛来してきたり、土壌中に埋もれていた陽樹の種子が発芽して成長し、ギャップを陽樹が埋めるようになる。
このようなギャップにおける森林の樹木の入れ替わりを（ **ギャップ更新** ）という。

究極パネル 40 世界のバイオーム

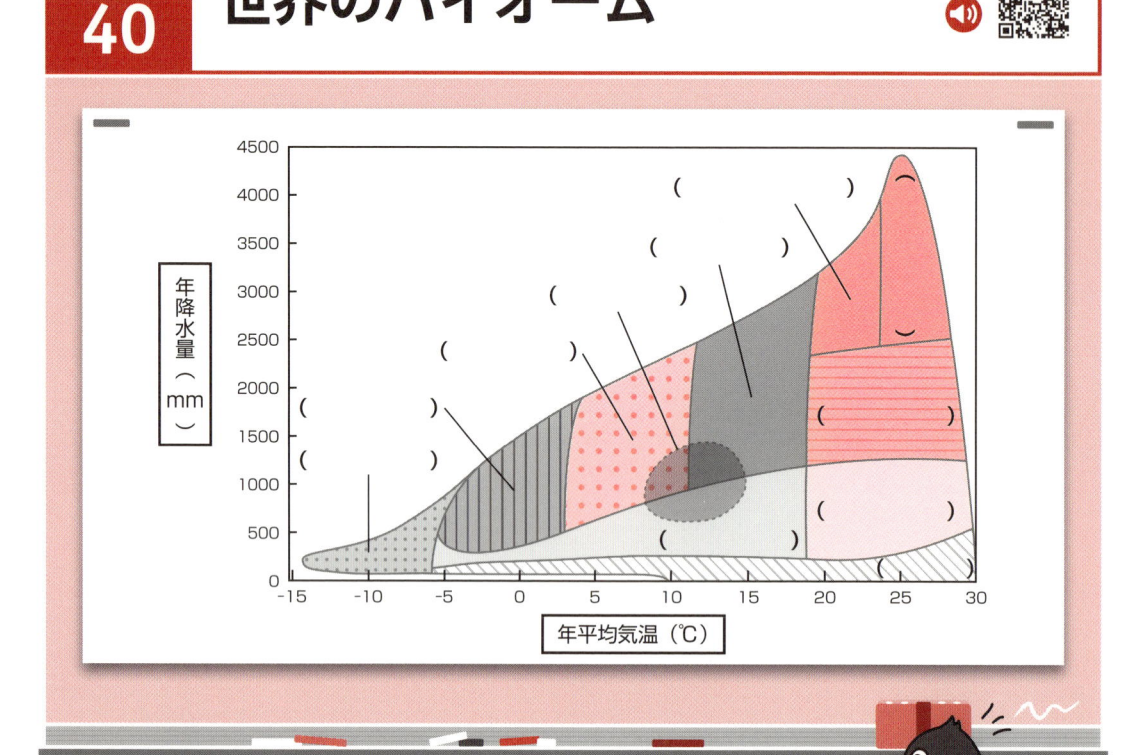

（年降水量(mm) 対 年平均気温(℃) のグラフ、各バイオーム領域に空欄）

究極のポイント

① ある地域の植生とそこに生息する動物を含めた生物のまとまりを（　　　　　　）という。

② 降水量が十分にある地域では、気温が高い方から低い方にかけてバイオームは次のように変化する。
（　　　　　）→（　　　　　）→（　　　　　）→（　　　　　）
→（　　　　　）→（　　　　　）

③ 年平均気温が高い熱帯では、降水量が多い方から少ない方にかけてバイオームは次のように変化する。
（　　　　　）→（　　　　　）→（　　　　　）→（　　　　）

④ 熱帯多雨林や亜熱帯多雨林の河口付近では（　　　　　　）が見られる。

⑤ シイ、カシ、クスノキ、タブノキなどは（　　　　　）で、ブナ、ミズナラは（　　　　　）で、シラビソ、コメツガ、トウヒ、エゾマツ、トドマツは（　　　　　）で、オリーブやコルクガシは（　　　　　）で、チークは（　　　　　）で見られる。

究極パネル 40　世界のバイオーム

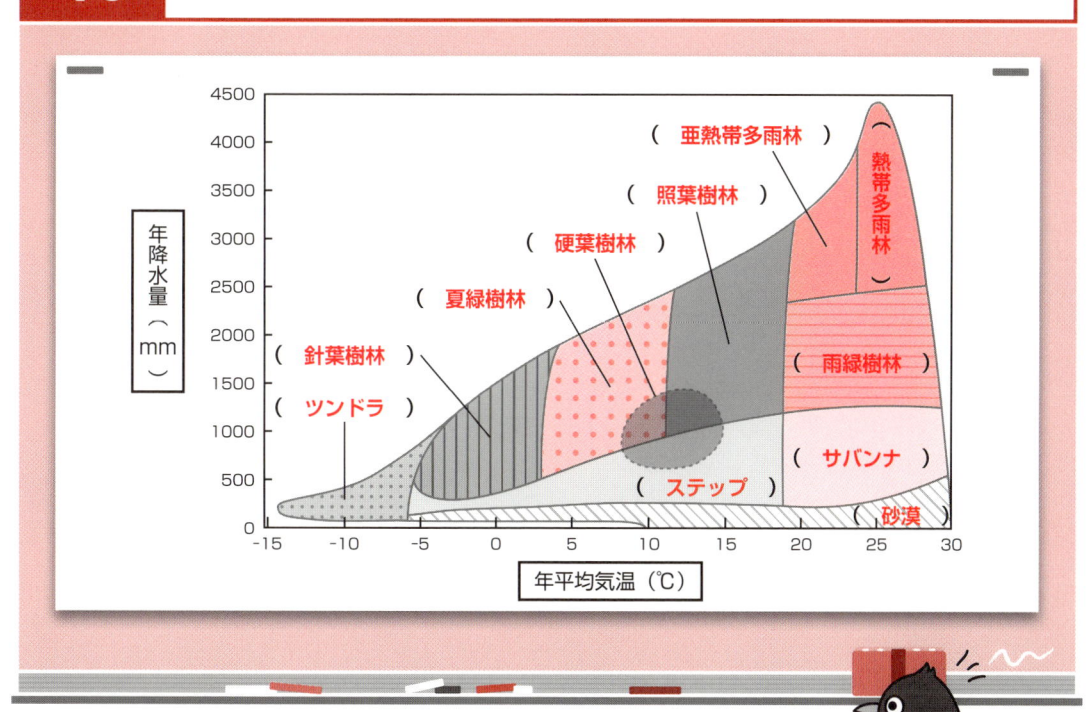

図中ラベル：
- 縦軸：年降水量（mm）
- 横軸：年平均気温（℃）
- （亜熱帯多雨林）
- 熱帯多雨林
- （照葉樹林）
- （硬葉樹林）
- （夏緑樹林）
- （針葉樹林）
- （ツンドラ）
- （雨緑樹林）
- （サバンナ）
- （ステップ）
- （砂漠）

究極のポイント

① ある地域の植生とそこに生息する動物を含めた生物のまとまりを（　バイオーム（生物群系）　）という。

② 降水量が十分にある地域では、気温が高い方から低い方にかけてバイオームは次のように変化する。
（　熱帯多雨林　）→（　亜熱帯多雨林　）→（　照葉樹林　）→（　夏緑樹林　）→（　針葉樹林　）→（　ツンドラ　）

③ 年平均気温が高い熱帯では、降水量が多い方から少ない方にかけてバイオームは次のように変化する。
（　熱帯多雨林　）→（　雨緑樹林　）→（　サバンナ　）→（　砂漠　）

④ 熱帯多雨林や亜熱帯多雨林の河口付近では（　マングローブ林　）が見られる。

⑤ シイ、カシ、クスノキ、タブノキなどは（　照葉樹林　）で、ブナ、ミズナラは（　夏緑樹林　）で、シラビソ、コメツガ、トウヒ、エゾマツ、トドマツは（　針葉樹林　）で、オリーブやコルクガシは（　硬葉樹林　）で、チークは（　雨緑樹林　）で見られる。

112　第5章　生態系

究極パネル 41　日本のバイオーム

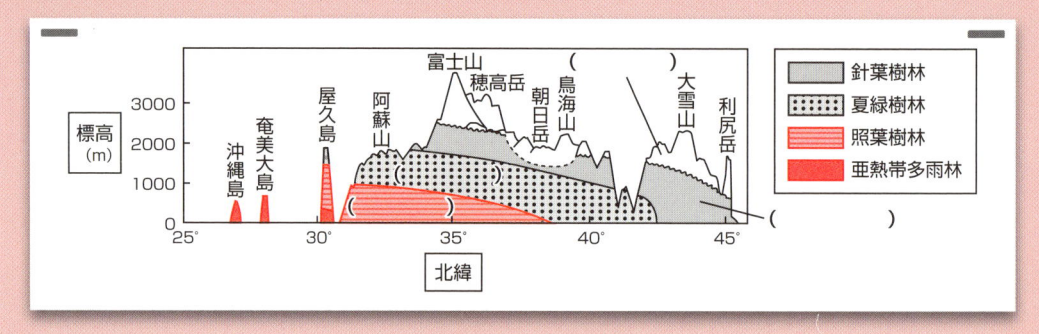

垂直分布

水平分布

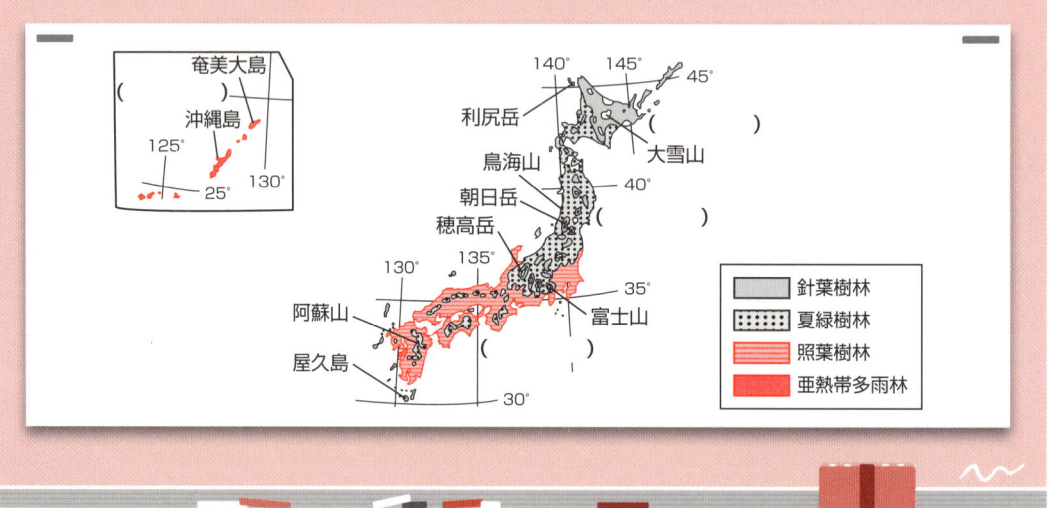

究極のポイント

① 緯度に応じた水平方向の分布を（　　　　　）、標高に応じた垂直方向の分布を（　　　　　）という。

② 中部地方の亜高山帯では（　　　）樹林、山地帯では（　　　　）樹林、丘陵帯では（　　　）樹林が見られる。

③ 亜高山帯と高山帯の境界は（　　　　　）と呼ばれる。中部地方では標高約（　　　　　）である。高山帯では（　　　　　）などの低木が見られる。

④ 亜寒帯では（　　　）樹林、冷温帯では（　　　　）樹林、暖温帯では（　　　）樹林、亜熱帯では（　　　　　）が見られる。

究極パネル 41 日本のバイオーム

垂直分布

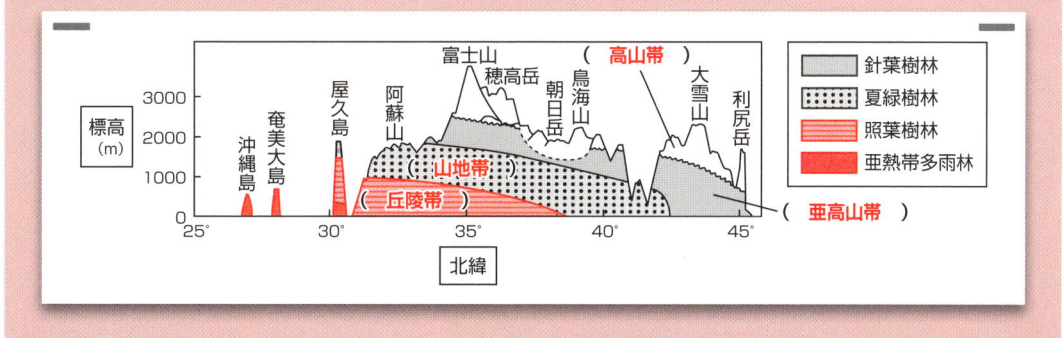

図：富士山、穂高岳、朝日岳、鳥海山、大雪山、利尻岳などの標高別バイオーム分布。沖縄島、奄美大島、屋久島、阿蘇山を含む。
- (高山帯)
- (亜高山帯)
- 山地帯
- (丘陵帯)

凡例：針葉樹林／夏緑樹林／照葉樹林／亜熱帯多雨林

水平分布

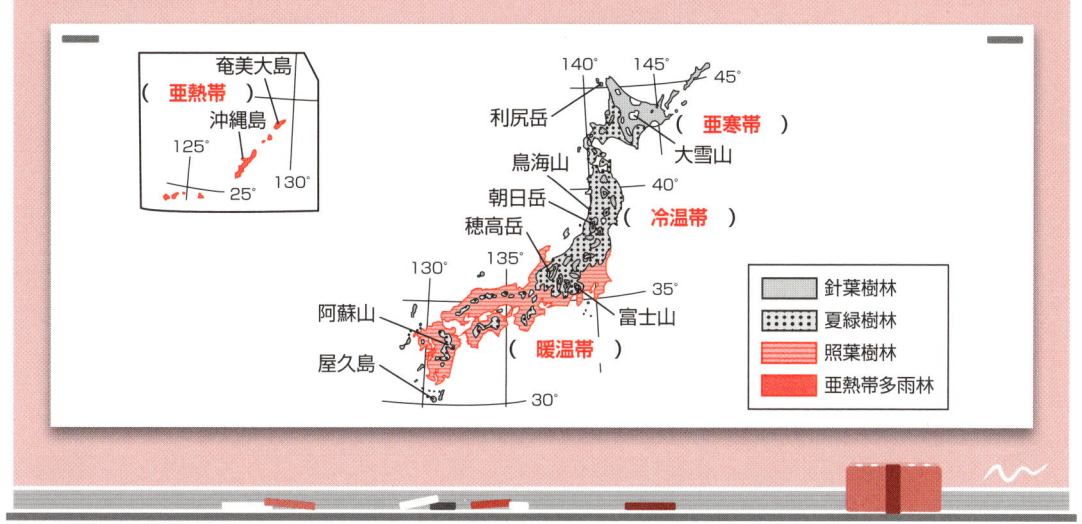

図：日本地図上のバイオーム分布。
- (亜熱帯)（奄美大島、沖縄島）
- (亜寒帯)（利尻岳、大雪山）
- (冷温帯)（鳥海山、朝日岳）
- (暖温帯)（穂高岳、富士山、阿蘇山、屋久島）

凡例：針葉樹林／夏緑樹林／照葉樹林／亜熱帯多雨林

究極のポイント

① 緯度に応じた水平方向の分布を（ **水平分布** ）、標高に応じた垂直方向の分布を（ **垂直分布** ）という。

② 中部地方の亜高山帯では（ **針葉** ）樹林、山地帯では（ **夏緑** ）樹林、丘陵帯では（ **照葉** ）樹林が見られる。

③ 亜高山帯と高山帯の境界は（ **森林限界** ）と呼ばれる。中部地方では標高約（ **2,500m** ）である。高山帯では（ **ハイマツ** ）などの低木が見られる。

④ 亜寒帯では（ **針葉** ）樹林、冷温帯では（ **夏緑** ）樹林、暖温帯では（ **照葉** ）樹林、亜熱帯では（ **亜熱帯多雨林** ）が見られる。

究極パネル 42 生態系

生態系

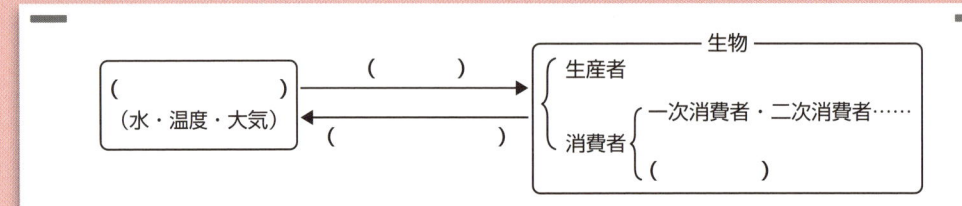

```
(         )              (         )      ┌ 生物 ──────────
(水・温度・大気)  ⇄  (         )       │ 生産者
                                             │ 消費者 ─ 一次消費者・二次消費者……
                                             │        (         )
```

食物連鎖

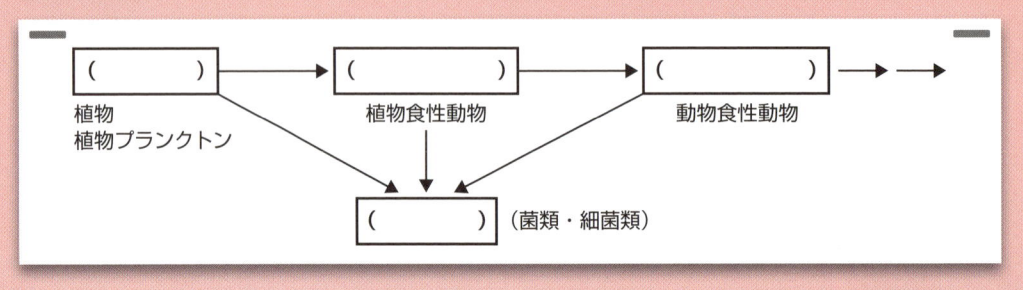

```
(         ) → (         ) → (         ) →
植物          植物食性動物    動物食性動物
植物プランクトン
            ↘    ↓    ↙
              (         ) (菌類・細菌類)
```

究極のポイント

① 様々な生物と水や光、大気、温度などの（　　　　　）とをまとめたものを（　　　　）という。

② 非生物的環境が生物に及ぼす影響を（　　　　）、生物が非生物的環境に及ぼす影響を（　　　　　）という。

③ 食う・食われるの関係のつながりを（　　　　　）という。実際はこの関係は複雑な網状になっており、これを（　　　　）という。

④ 食物連鎖の各段階を（　　　　　）という。これらを栄養段階が下位のものから順に積み重ねるとピラミッド状になり、これを（　　　　　　　）という。

⑤ 生態ピラミッドには（　　　　）ピラミッドや（　　　　　）ピラミッドがある。生産者が樹木で一次消費者が小型昆虫の場合、（　　　　）ピラミッドは逆転する。生産者が植物プランクトンの場合、（　　　　　）ピラミッドは逆転する。

究極パネル 42　生態系

生態系

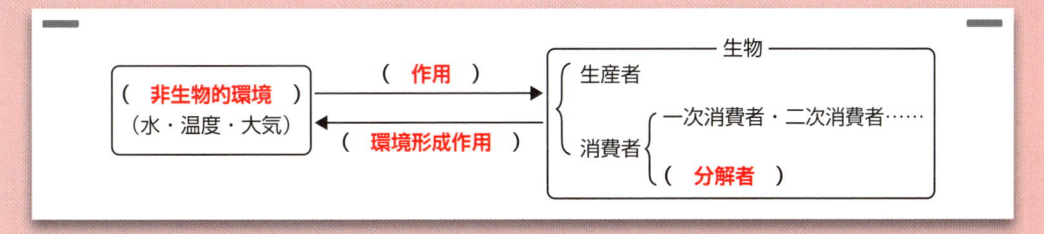

```
( 非生物的環境 ) ──( 作用 )──→  生物 ┌ 生産者
(水・温度・大気) ←( 環境形成作用 )──      │        ┌ 一次消費者・二次消費者……
                                      └ 消費者 ┤
                                              └ ( 分解者 )
```

食物連鎖

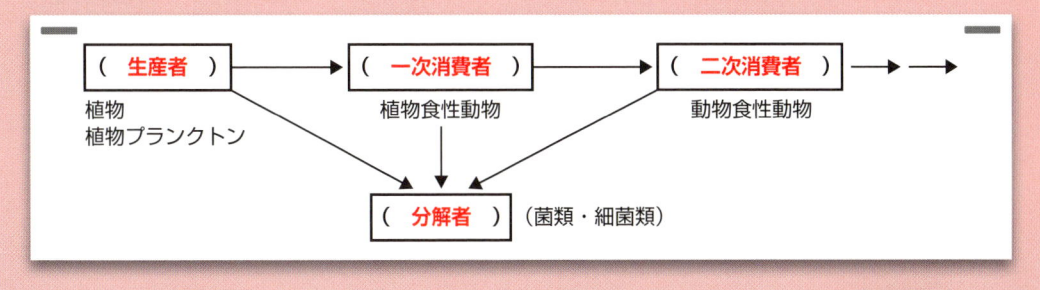

```
( 生産者 ) ──→ ( 一次消費者 ) ──→ ( 二次消費者 ) ──→
植物          植物食性動物        動物食性動物
植物プランクトン
        ↓         ↓          ↓
          ( 分解者 )（菌類・細菌類）
```

究極のポイント

① 様々な生物と水や光、大気、温度などの（ **非生物的環境** ）とをまとめたものを（ **生態系** ）という。

② 非生物的環境が生物に及ぼす影響を（ **作用** ）、生物が非生物的環境に及ぼす影響を（ **環境形成作用** ）という。

③ 食う・食われるの関係のつながりを（ **食物連鎖** ）という。実際はこの関係は複雑な網状になっており、これを（ **食物網** ）という。

④ 食物連鎖の各段階を（ **栄養段階** ）という。これらを栄養段階が下位のものから順に積み重ねるとピラミッド状になり、これを（ **生態ピラミッド** ）という。

⑤ 生態ピラミッドには（ **個体数** ）ピラミッドや（ **生物量** ）ピラミッドがある。生産者が樹木で一次消費者が小型昆虫の場合、（ **個体数** ）ピラミッドは逆転する。生産者が植物プランクトンの場合、（ **生物量** ）ピラミッドは逆転する。

究極パネル 43 炭素循環

炭素循環

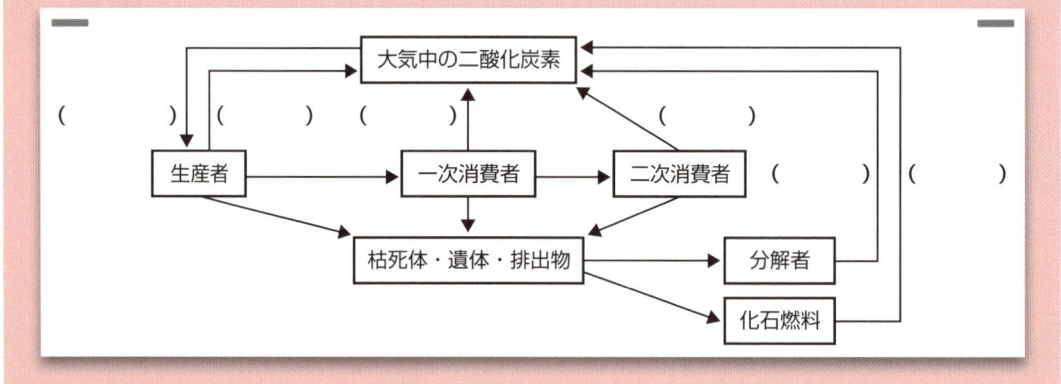

（図：大気中の二酸化炭素を中心とした炭素循環。生産者・一次消費者・二次消費者・枯死体・遺体・排出物・分解者・化石燃料の間の矢印と、各矢印に記入する（　）が配置されている）

エネルギーの流れ

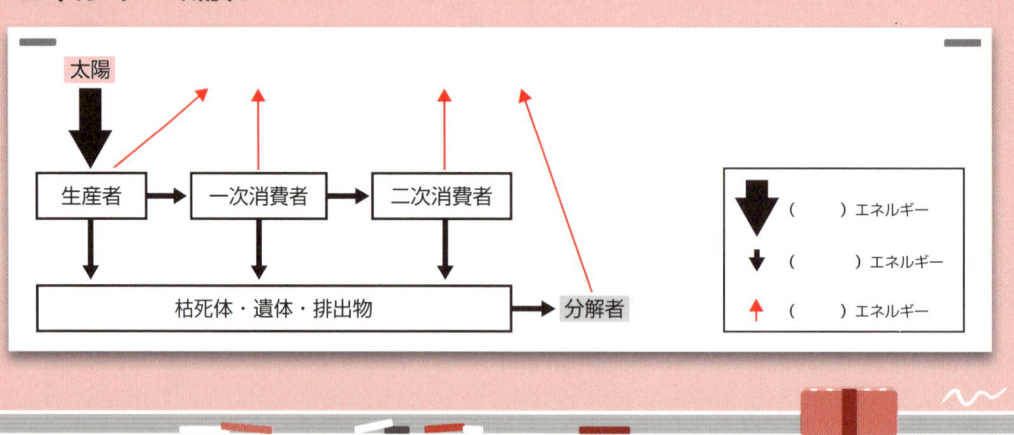

（図：太陽→生産者→一次消費者→二次消費者、および枯死体・遺体・排出物→分解者への流れ。凡例に太い黒矢印＝（　）エネルギー、細い黒矢印＝（　）エネルギー、赤矢印＝（　）エネルギー）

🐛 究極のポイント

① 大気中の炭素は生産者の（　　　　）によって取り込まれ、有機物となり、生産者の有機物は、一次消費者、二次消費者へと移っていく。生産者や消費者の遺体や排出物は分解者に渡される。

② 生産者や消費者のもつ有機物は（　　　　）によって再び二酸化炭素となって大気に戻る。

③ 炭素の循環に伴ってエネルギーも移動する。太陽の（　　　）エネルギーは、光合成によって有機物の（　　　）エネルギーとなり、消費者に移っていく。最終的には有機物は分解され、一部は（　　　）エネルギーとなって生態系外の宇宙空間に出ていく。

④ したがって、炭素は生態系内を循環（　　　）が、エネルギーは循環（　　　　）。

究極パネル 43　炭素循環

炭素循環

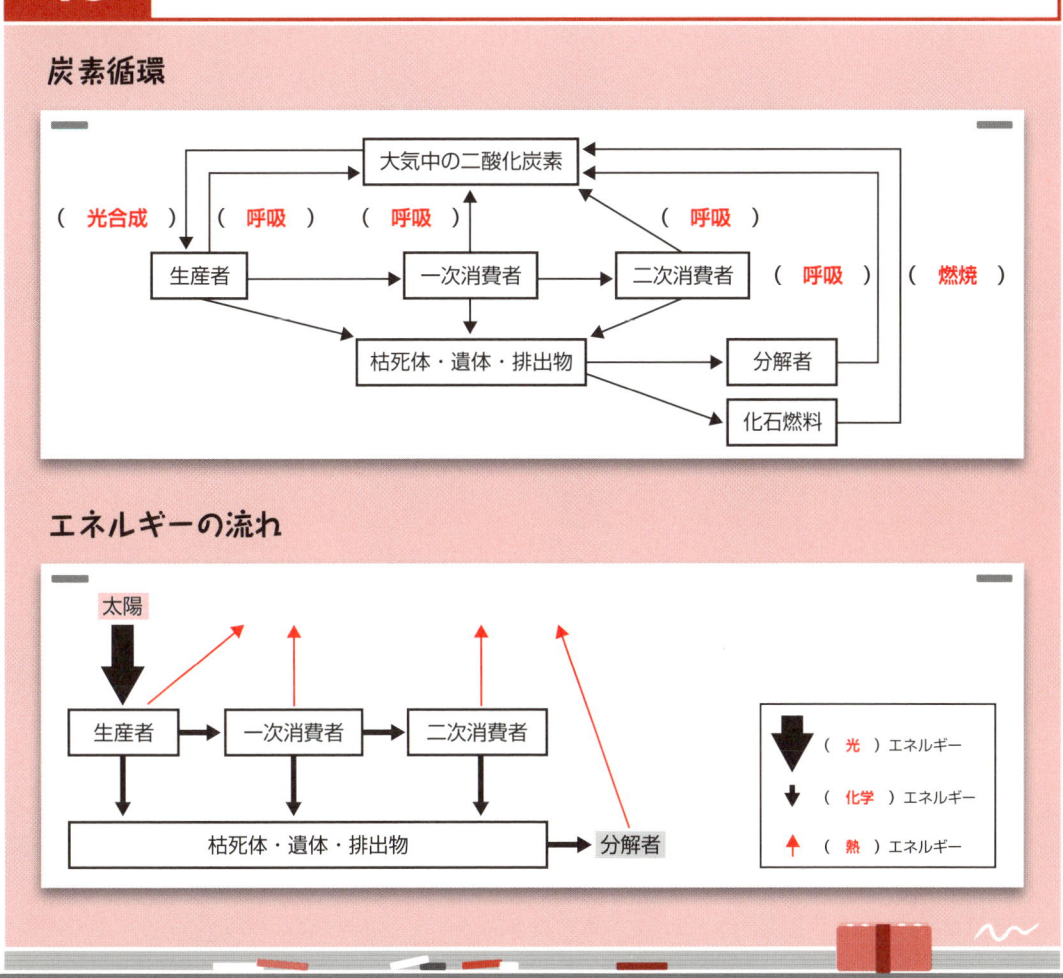

```
              大気中の二酸化炭素
   ( 光合成 )  ( 呼吸 )  ( 呼吸 )     ( 呼吸 )
   生産者 → 一次消費者 → 二次消費者  ( 呼吸 )  ( 燃焼 )
      ↓        ↓          ↓
       枯死体・遺体・排出物 → 分解者
                           → 化石燃料
```

エネルギーの流れ

```
  太陽
   ↓
  生産者 → 一次消費者 → 二次消費者
   ↓        ↓          ↓
     枯死体・遺体・排出物 → 分解者
```

　⬛ (光)エネルギー
　↓ (化学)エネルギー
　↑ (熱)エネルギー

究極のポイント

① 大気中の炭素は生産者の（ **光合成** ）によって取り込まれ、有機物となり、生産者の有機物は、一次消費者、二次消費者へと移っていく。生産者や消費者の遺体や排出物は分解者に渡される。

② 生産者や消費者のもつ有機物は（ **呼吸** ）によって再び二酸化炭素となって大気に戻る。

③ 炭素の循環に伴ってエネルギーも移動する。太陽の（ **光** ）エネルギーは、光合成によって有機物の（ **化学** ）エネルギーとなり、消費者に移っていく。最終的には有機物は分解され、一部は（ **熱** ）エネルギーとなって生態系外の宇宙空間に出ていく。

④ したがって、炭素は生態系内を循環（ **する** ）が、エネルギーは循環（ **しない** ）。

究極パネル 44 窒素循環

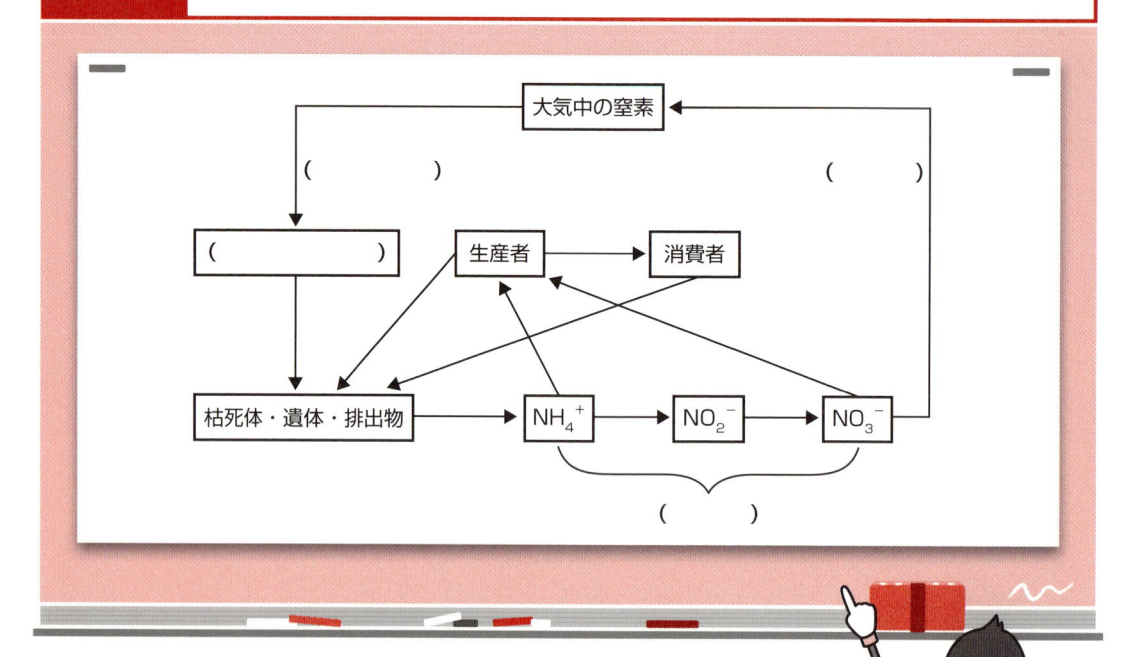

[図：窒素循環の図]
- 大気中の窒素
- （　　）（窒素固定の矢印）
- （　　）（脱窒の矢印）
- （　　）（枠）
- 生産者 → 消費者
- 枯死体・遺体・排出物 → NH_4^+ → NO_2^- → NO_3^-
- （　　）（硝化）

究極のポイント

① 窒素ガスをアンモニウムイオンにする反応を（　　　　）という。窒素固定が行える生物は、（　　　　　）やクロストリジウム、ネンジュモおよびマメ科植物の根に共生する（　　　　）など。

② 遺体や排出物は分解者によって分解されてアンモニウムイオン（NH_4^+）となる。このアンモニウムイオンを亜硝酸菌が亜硝酸イオン（NO_2^-）に、亜硝酸イオンを硝酸菌が硝酸イオン（NO_3^-）に変える。アンモニウムイオンから硝酸イオンまで変化する反応を（　　　　）といい、亜硝酸菌と硝酸菌を合わせて（　　　　）（硝化細菌）という。

③ アンモニウムイオンや硝酸イオンは生産者の植物が吸収し、タンパク質などの有機窒素化合物の材料として用いられる。アンモニウムイオンや硝酸イオンのような無機窒素化合物から、タンパク質のような有機窒素化合物を合成する反応を（　　　　）という。

④ 硝酸イオンは脱窒素細菌によって再び大気中の窒素に戻る。この反応を（　　　　）という。

⑤ 窒素も生態系を循環（　　　　）。

究極パネル 44 窒素循環

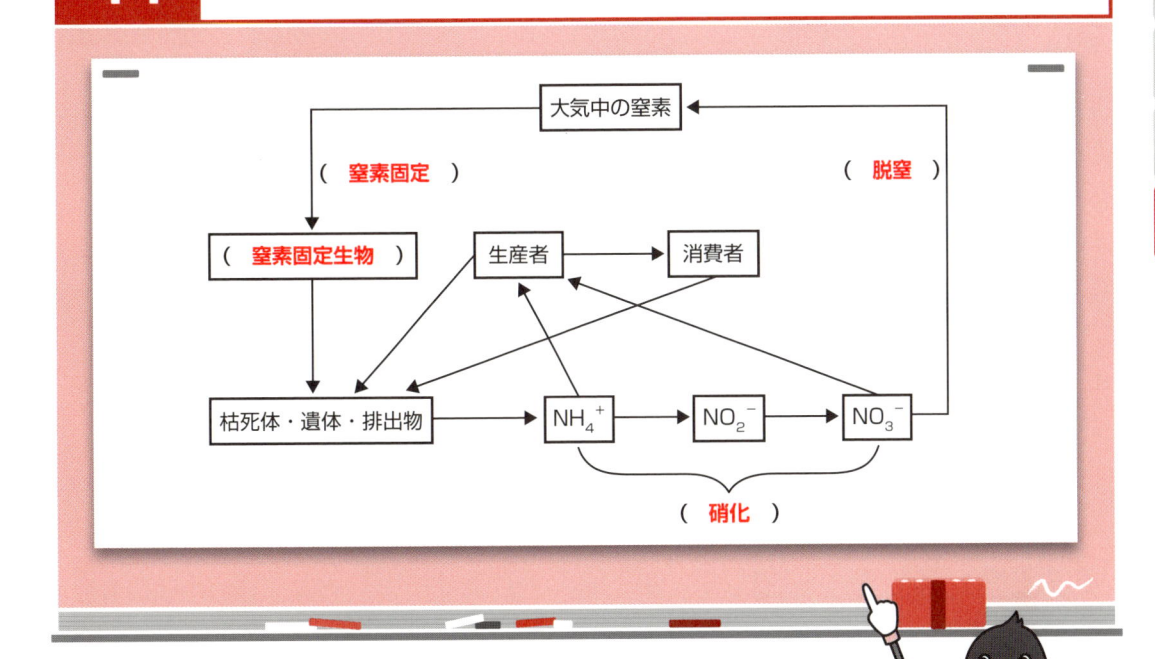

```
                    大気中の窒素
        ( 窒素固定 )              ( 脱窒 )
          ↓
    ( 窒素固定生物 )  生産者 → 消費者
          ↓              ↑   ↑
    枯死体・遺体・排出物 → NH₄⁺ → NO₂⁻ → NO₃⁻
                              ( 硝化 )
```

究極のポイント

① 窒素ガスをアンモニウムイオンにする反応を**(窒素固定)**という。窒素固定が行える生物は、**(アゾトバクター)**やクロストリジウム、ネンジュモおよびマメ科植物の根に共生する**(根粒菌)**など。

② 遺体や排出物は分解者によって分解されてアンモニウムイオン（NH_4^+）となる。このアンモニウムイオンを亜硝酸菌が亜硝酸イオン（NO_2^-）に、亜硝酸イオンを硝酸菌が硝酸イオン（NO_3^-）に変える。アンモニウムイオンから硝酸イオンまで変化する反応を**(硝化)**といい、亜硝酸菌と硝酸菌を合わせて**(硝化菌)**（硝化細菌）という。

③ アンモニウムイオンや硝酸イオンは生産者の植物が吸収し、タンパク質などの有機窒素化合物の材料として用いられる。アンモニウムイオンや硝酸イオンのような無機窒素化合物から、タンパク質のような有機窒素化合物を合成する反応を**(窒素同化)**という。

④ 硝酸イオンは脱窒素細菌によって再び大気中の窒素に戻る。この反応を**(脱窒)**という。

⑤ 窒素も生態系を循環**(する)**。

究極パネル 45 生態系のバランス

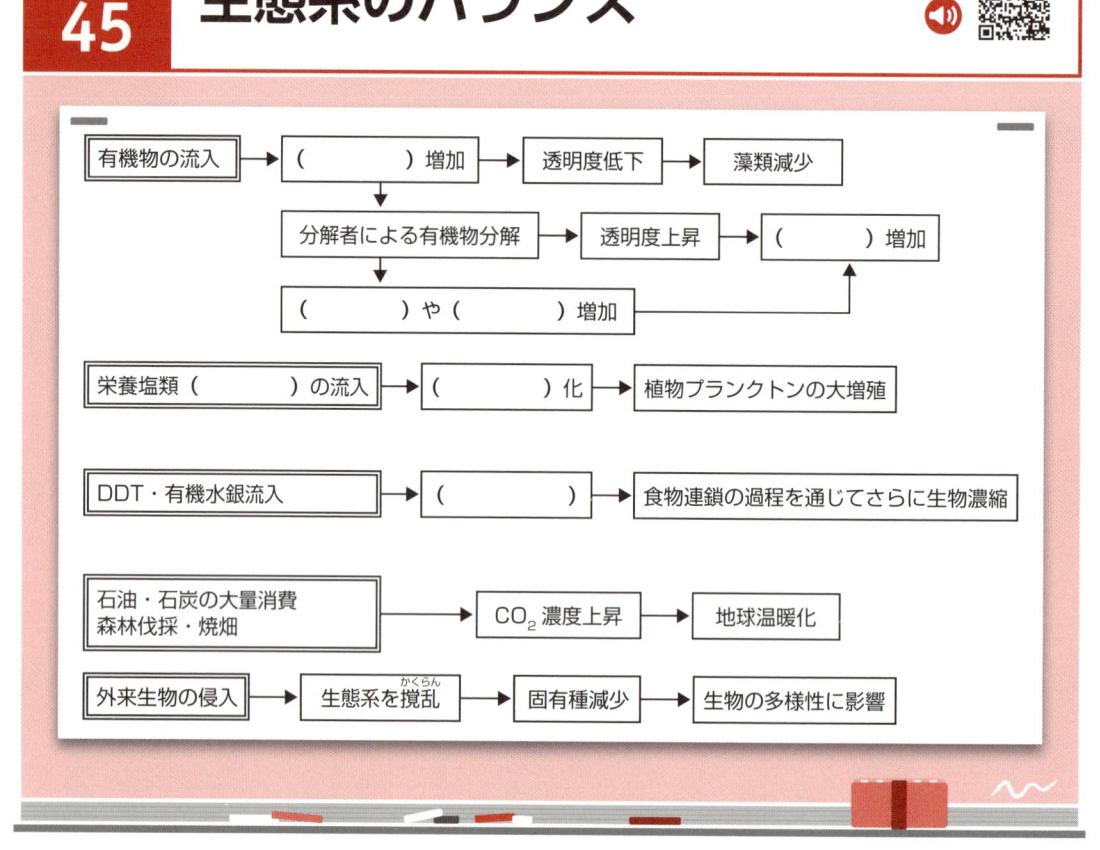

有機物の流入 → (　　　)増加 → 透明度低下 → 藻類減少
　↓
分解者による有機物分解 → 透明度上昇 → (　　　)増加
　↓
(　　　)や(　　　)増加

栄養塩類(　　　)の流入 → (　　　)化 → 植物プランクトンの大増殖

DDT・有機水銀流入 → (　　　) → 食物連鎖の過程を通じてさらに生物濃縮

石油・石炭の大量消費 森林伐採・焼畑 → CO_2濃度上昇 → 地球温暖化

外来生物の侵入 → 生態系を撹乱 → 固有種減少 → 生物の多様性に影響

究極のポイント

① 有機物が流入しても、それを分解する分解者が増加して再び元の状態に戻ることを(　　　)という。自然浄化の能力を超えて有機物が流入すると、増えすぎた分解者によって水中の酸素が消費され、酸素不足になる。

② 栄養塩類の大量流入によって植物プランクトンが大増殖した状態を、淡水では(　　　)(アオコ)、海では(　　　)という。

③ 周囲の環境よりも高い濃度で蓄積することを(　　　)という。食物連鎖の過程を通じて、高次消費者では、より生物濃縮が進む。

④ CO_2やメタン、フロンなどは、太陽光に含まれる赤外線(熱)が地表から宇宙空間に放射されるのを抑制する働きがあり、これを(　　　)といい、このような働きのある気体を(　　　)という。

⑤ 人間の活動によって、本来の生息地から他の場所に移され定着した生物を(　　　)といい、特に生態系に大きな影響を及ぼす可能性がある生物を(　　　)という。(例)オオクチバス(ブラックバス)、ブルーギル、ジャワマングース

究極パネル 45 生態系のバランス

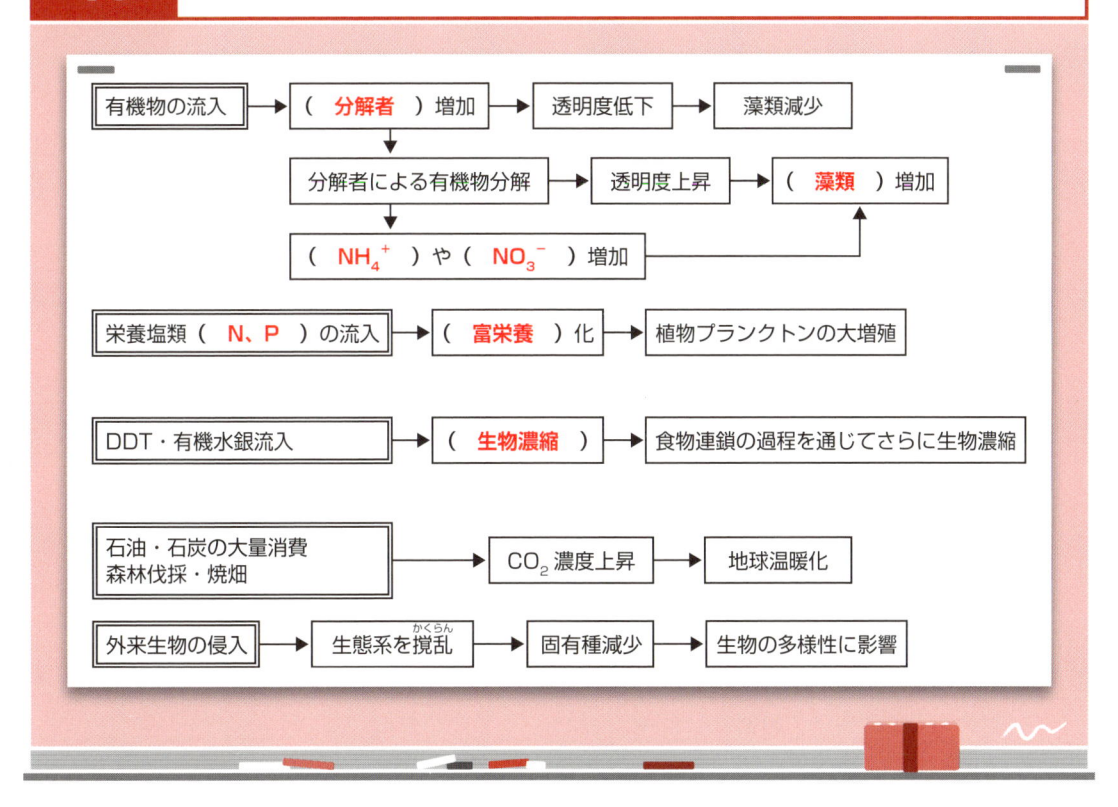

```
有機物の流入 → ( 分解者 )増加 → 透明度低下 → 藻類減少
                ↓
          分解者による有機物分解 → 透明度上昇 → ( 藻類 )増加
                ↓                                    ↑
          ( NH₄⁺ )や( NO₃⁻ )増加 ────────────────────┘

栄養塩類( N、P )の流入 → ( 富栄養 )化 → 植物プランクトンの大増殖

DDT・有機水銀流入 → ( 生物濃縮 ) → 食物連鎖の過程を通じてさらに生物濃縮

石油・石炭の大量消費
森林伐採・焼畑      → CO₂濃度上昇 → 地球温暖化

外来生物の侵入 → 生態系を撹乱 → 固有種減少 → 生物の多様性に影響
```

究極のポイント

① 有機物が流入しても、それを分解する分解者が増加して再び元の状態に戻ることを（ **自然浄化** ）という。自然浄化の能力を超えて有機物が流入すると、増えすぎた分解者によって水中の酸素が消費され、酸素不足になる。

② 栄養塩類の大量流入によって植物プランクトンが大増殖した状態を、淡水では（ **水の華** ）（アオコ）、海では（ **赤潮** ）という。

③ 周囲の環境よりも高い濃度で蓄積することを（ **生物濃縮** ）という。食物連鎖の過程を通じて、高次消費者では、より生物濃縮が進む。

④ CO_2 やメタン、フロンなどは、太陽光に含まれる赤外線（熱）が地表から宇宙空間に放射されるのを抑制する働きがあり、これを（ **温室効果** ）といい、このような働きのある気体を（ **温室効果ガス** ）という。

⑤ 人間の活動によって、本来の生息地から他の場所に移され定着した生物を（ **外来生物** ）といい、特に生態系に大きな影響を及ぼす可能性がある生物を（ **特定外来生物** ）という。（例）オオクチバス（ブラックバス）、ブルーギル、ジャワマングース

第5章 究極のポイント 確認問題

1 植生に関して、最も適切なものを1つ選べ。
① 陰生植物は陽生植物に比べると光補償点が高いという特徴がある。
② 土壌の上部には落葉分階層、その下には無機物が豊富な腐植土層がある。
③ 熱帯多雨林では落葉分階層や腐植土層が非常に厚い。
④ 森林の最上部をおおっている部分を林冠という。

2 遷移に関して、最も適切なものを1つ選べ。
① 先駆種と極相種を比べると、先駆種の方が大きく重い種子を形成する傾向にある。
② 極相種は耐乾性や耐陰性が高い植物が多い。
③ 林冠にギャップが生じると、その部分には陽生植物が生育するようになり、やがて低木林、草原へと遷移が逆行していく。
④ 一次遷移に比べると二次遷移の方が、すでに土壌が形成されているため進行が速い。

3 世界のバイオームに関して、最も適切なものを1つ選べ。
① 降水量が十分ある場所では、気温が高い方から低い方にかけて、熱帯多雨林→亜熱帯多雨林→夏緑樹林→照葉樹林→針葉樹林→ツンドラと変化する。
② 年平均気温が高い熱帯では、降水量が多い方から少ない方にかけて、熱帯多雨林→照葉樹林→サバンナ→砂漠と変化する。
③ 照葉樹林では、主にシイ、カシ、クスノキ、タブノキなどが見られる。
④ 針葉樹林では、主にシラビソ、コメツガ、トウヒ、クロマツなどが見られる。

4 世界のバイオームについて、バイオームの記号と優占する樹木の組み合わせが正しいものを1つ選べ。 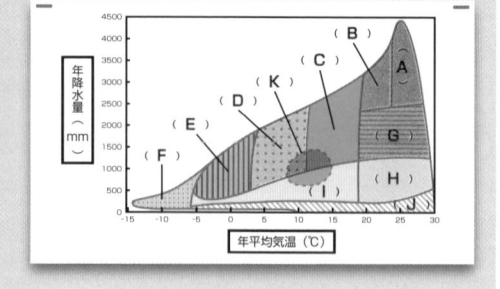
① C:チーク
② D:ブナ
③ E:アカマツ
④ G:オリーブ
⑤ K:クスノキ

5 日本のバイオームに関して、最も適切なものを1つ選べ。
① 中部地方の標高2,000m付近にはエゾマツやトドマツが優占する針葉樹林が見られる。
② 東北地方の標高1,000m付近にはブナやミズナラが優占する夏緑樹林が見られる。
③ 近畿地方の標高500m付近にはシイやカシが優占する照葉樹林が見られる。
④ 森林限界は中部地方では約2,500mだが、高緯度地方になると、森林限界の高さはより高くなる。

第5章 究極のポイント 確認問題 解答と解説

1 解答：④ ➡究極パネル 38
① 陰生植物の方が陽生植物よりも光補償点や光飽和点が低いという特徴があります。
② 腐植土層は生物の遺体などに由来する有機物が豊富な層です。
③ 熱帯多雨林では分解者の呼吸速度が非常に大きく、落葉分階層や腐植土層が薄くなります。

2 解答：④ ➡究極パネル 39
① 先駆種の方が、小さく軽い種子を形成する傾向にあります。
② 極相種は、耐陰性は高いですが、耐乾性は低くなります。
③ ギャップの部分に陽生植物が生育するようになりますが、やがて陽生植物が大きく育つと陽生植物は減り、陰生植物が増加するようになります。

3 解答：③ ➡究極パネル 40
① 夏緑樹林と照葉樹林が逆です。
② 熱帯では照葉樹林ではなく雨緑樹林が成立します。
④ クロマツは針葉樹林での主な樹種にはなりません。

4 解答：② ➡究極パネル 40
Aは熱帯多雨林、Bは亜熱帯多雨林、Cは照葉樹林、Dは夏緑樹林、Eは針葉樹林、Fはツンドラ、Gは雨緑樹林、Hはサバンナ、Iはステップ、Jは砂漠、Kは硬葉樹林を示します。

照葉樹林ではシイ、カシ、クスノキ、タブノキ、夏緑樹林ではブナ、ミズナラ、針葉樹林ではシラビソ、コメツガ、トウヒ、雨緑樹林ではチーク、硬葉樹林では、オリーブが優占します。これらの樹木は覚えておきましょう。

5 解答：③ ➡究極パネル 41
① 中部地方の標高 2,000m 付近には針葉樹林が成立しますが、エゾマツやトドマツは北海道特有で、中部地方では見られません。
② 東北地方の標高 1,000m 付近では夏緑樹林ではなく針葉樹林が成立します。
④ 森林限界は、高緯度地方になると低くなります。

第5章 究極のポイント 確認問題

6 生態系に関して、誤っているものを1つ選べ。

① 生物群集が非生物的環境に影響を及ぼすことを作用という。
② 分解者も消費者の一種である。
③ 食物連鎖における生産者、一次消費者のような段階を栄養段階という。
④ 植物プランクトンが生産者の場合、生物量ピラミッドは逆転する場合がある。
⑤ 物質は生態系を循環するが、エネルギーは生態系を循環しない。

7 窒素循環に関して、最も適切なものを1つ選べ。

① 窒素ガスをアンモニウムイオンに変える反応を窒素同化という。
② 亜硝酸イオンを硝酸イオンに変化させる細菌を亜硝酸菌という。
③ 植物はアンモニウムイオンや硝酸イオンを吸収し、タンパク質のような有機窒素化合物を合成することができる。
④ 硝酸イオンを窒素ガスに戻す反応を窒素固定という。

8 自然浄化に関する次のグラフについて、A、Bの生物およびC、Dの物質に関して正しい組み合わせを1つ選べ。

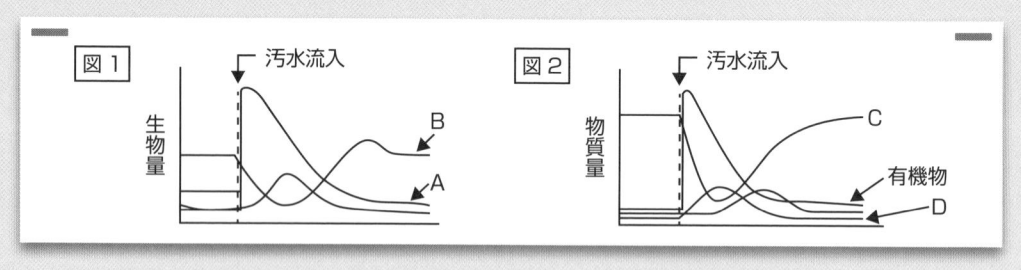

① A：原生動物（ゾウリムシなど）　C：酸素
② A：藻類　D：NH_4^+
③ A：細菌類　C：酸素
④ B：細菌類　D：NH_4^+
⑤ B：原生動物　C：NH_4^+
⑥ B：藻類　D：酸素

9 生態系のバランスに関して、最も適切なものを1つ選べ。

① NやPが大量に流入して富栄養化が進むと、動物プランクトンが大増殖する。
② 生物濃縮は食物連鎖の過程を通じると、より濃縮されるようになる。
③ CO_2濃度が上昇すると、温室効果によって熱エネルギーが宇宙空間に逃げやすくなる。
④ 人間の活動によって本来の生息地から他の場所に移された生物を外来生物といい、オオクチバスやブルーギル、ヤンバルクイナなどがその例である。

第5章 究極のポイント 確認問題 解答と解説

6 解答：①　　　➡究極パネル42　➡究極パネル43

① 生物群集が非生物的環境に影響を及ぼすことは環境形成作用といいます。
⑤ 有機物がもつエネルギーの一部は熱エネルギーとなって生態系外に出ていくため、エネルギーは生態系を循環しません。

7 解答：③　　　➡究極パネル44

① 窒素ガスをアンモニウムイオンに変える反応は窒素固定といいます。
② 亜硝酸イオンを硝酸イオンに変化させる細菌は硝酸菌です。
④ 硝酸イオンを窒素ガスに戻す反応は脱窒といいます。

8 解答：③　　　➡究極パネル45

　図1のAは細菌類、Bは藻類、あと1本は原生動物を示します。図2のCは酸素、Dはアンモニウムイオン、あと1本は硝酸イオンを示します。
　汚水中の有機物を分解して細菌類（A）が増殖します。増加した細菌類を捕食して原生動物が増加しますが、細菌類が減少すると原生動物も減少します。有機物を分解するのに水中の酸素（C）が消費されます。また有機物の分解によりアンモニウムイオン（D）が生じます。アンモニウムイオンは亜硝酸菌によって亜硝酸イオンに、亜硝酸イオンは硝酸菌によって硝酸イオンに変化します。汚水の流入および増加した細菌によって水の透明度が低下し、藻類（B）は減少しますが、やがて有機物の減少、細菌類の減少により透明度が上がり、さらに増加した硝酸イオンが窒素同化に用いられるため藻類が増殖します。

9 解答：②　　　➡究極パネル45

① 富栄養化によって増殖するのは植物プランクトンです。
③ 温室効果によって熱エネルギーが宇宙空間に逃げにくくなるため地球温暖化が起こります。
④ ヤンバルクイナは天然記念物に指定されている沖縄の固有種で、外来生物ではありません。

索引

英字

ADP	21
ATP	13, 21
B細胞	73, 75
DNA	9, 13, 27, 35, 37, 39
G_1期	49
G_2期	49
mRNA	43
M期	49
NH_4^+	121
NO_3^-	121
RNA	39
R型菌	35
S型菌	35
S期	49
T_2ファージ	37

あ行

赤潮	121
亜寒帯	113
亜高山帯	113
アゾトバクター	119
アデニン	21, 39
アデノシン	21
アデノシン三リン酸	21
アデノシン二リン酸	21
アドレナリン	83, 89
亜熱帯	113
亜熱帯多雨林	111, 113
アミノ酸	43
アレルギー	75
アレルゲン	75
アントシアニン	13
異化	21
胃酸	71
一次消費者	115
一次遷移	109
陰樹	109
インスリン	83, 89
陰生植物	107
ウイルス	37
右心室	65, 67
右心房	65, 67, 87
ウラシル	39
雨緑樹林	111
上澄み	37
栄養塩類	121
栄養段階	115
液胞	13
エタノール	45
エネルギー	9
塩基	39, 43
塩酸	51, 71
温室効果	121
温室効果ガス	121

か行

外分泌腺	83
外来生物	121
解離	51
化学エネルギー	117
核	11, 13
角質層	71
獲得免疫	75
核膜	11, 13
カタラーゼ	23
夏緑樹林	111, 113
間期	49
環境形成作用	115
肝静脈	67
肝小葉	99
肝臓	67, 99
肝動脈	67
間脳視床下部	85, 89, 91, 97
肝門脈	67, 99
基底層	71
ギャップ	109
ギャップ更新	109
吸収	21
丘陵帯	113
凝固	63
凝固因子	63
共生説	27
共通性	9
極相	109
極相林	109
キラーT細胞	73, 75
グアニン	39
クライマックス	109
グリコーゲン	99
グルカゴン	83, 89
形質転換	35
血液	61
血液凝固	61, 63
血球	61
血しょう	61
血小板	61, 63
血清	63
血清療法	75
血糖濃度調節	89
血ぺい	63
解毒作用	99
ゲノム	53
ケラチン	71
原核細胞	11
高エネルギーリン酸結合	21
光学顕微鏡	17
交感神経	87, 91
後期	49
抗原	75
抗原抗体反応	73
抗原提示	73
光合成	13, 25, 117

高山帯	113
鉱質コルチコイド	95
恒常性	9
合成	25
酵素	23
抗体	75
抗体産生細胞	73
好中球	61, 71, 75
後葉	83, 85
硬葉樹林	111
呼吸	25, 117
個体数ピラミッド	115
固定液	51
子ファージ	37
根粒菌	119

さ行

細尿管	93, 95
細胞	9
細胞液	13
細胞周期	49, 51
細胞性	71
細胞性免疫	71
細胞内共生	27
細胞分裂	49
細胞壁	11, 13, 71
細胞膜	9
酢酸	51
酢酸オルセイン液	51
左心室	65, 67
左心房	65, 67
砂漠	111
サバンナ	111
作用	115
酸化マンガン（IV）	23
酸素	25
酸素運搬	61, 69
酸素解離曲線	69
酸素ヘモグロビン	69
山地帯	113
シアノバクテリア	11, 27
糸球体	93, 95
自己免疫疾患	75
死細胞	71
自然浄化	121
自然免疫	75
シトシン	39
しぼり	17
シャルガフの規則	41
終期	49
集合管	93, 95, 97
十二指腸	99
樹状細胞	61, 71
硝化	119
硝化菌	119
焦点深度	17
静脈	67